U0476281

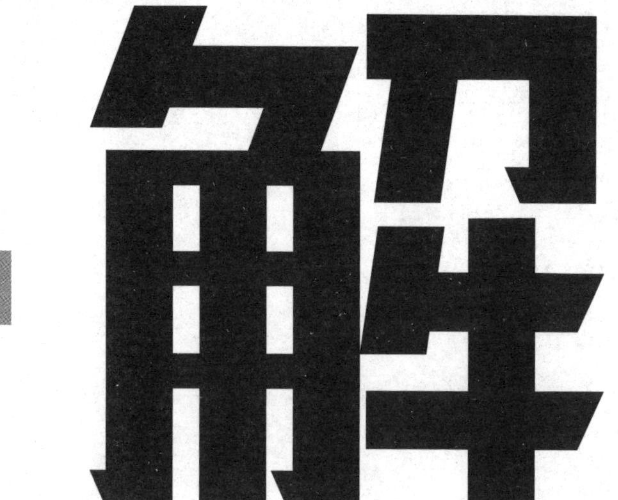

解压

Eliminate stress

周婷 著

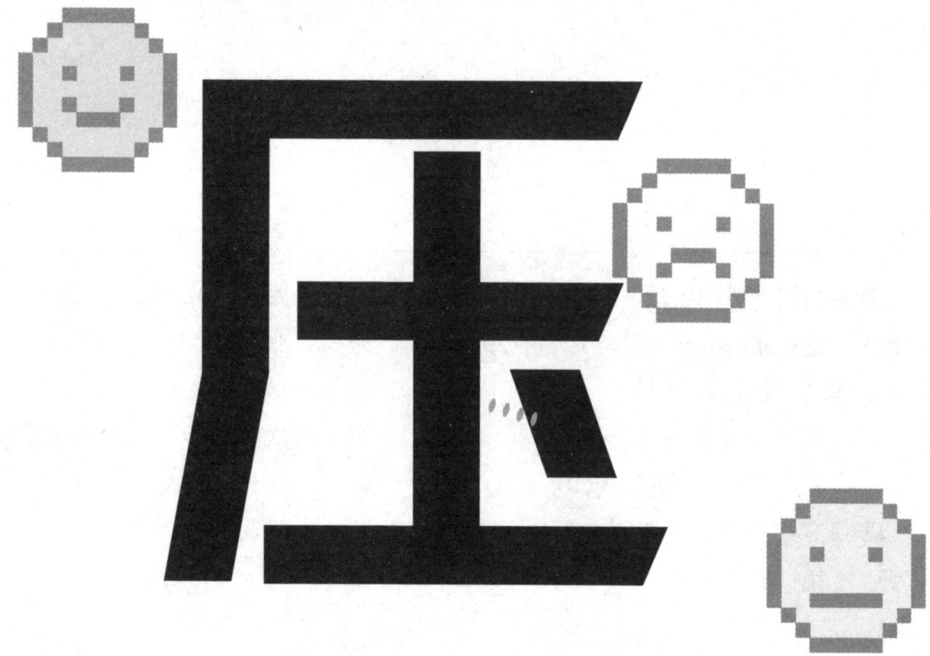

金盾出版社
JINDUN PUBLISHING HOUSE

图书在版编目（CIP）数据

解压 / 周婷著. -- 北京 : 金盾出版社, 2025. 4.
ISBN 978-7-5186-1853-8

Ⅰ. B842.6-49

中国国家版本馆 CIP 数据核字第 2025WP0563 号

解 压

周 婷 著

出版发行：	金盾出版社	**开　本：**	710mm×1000mm　1/16
地　址：	北京市丰台区晓月中路 29 号	**印　张：**	11
邮政编码：	100165	**字　数：**	120 千
电　话：	（010）68276683	**版　次：**	2025 年 4 月第 1 版
	（010）68214039	**印　次：**	2025 年 4 月第 1 次印刷
印刷装订：	河北文盛印刷有限公司	**印　数：**	1 ~ 6 000 册
经　销：	新华书店	**定　价：**	59.00 元

（凡购买金盾出版社的图书，如有缺页、倒页、脱页者，本社发行部负责调换）

版权所有　侵权必究

前言

preface

压力是人生中不可避免的存在。它其实是一种自我保护机制。在面对未知的恐惧时，压力会让我们自动进入“战或逃”的反应模式中，从而去应对眼前的各种挑战。我们无法彻底战胜压力，也不可能拥有理想中的“零压力”生活。那么，面对压力，我们真的就只能束手无策吗？答案是否定的。

心理学家告诉我们，压力并非只有有害的一面，适当的压力不但不会损害人的身心健康，反而能够提高人的警觉性，可以让我们更加小心地思考、谨慎地行事。同时，我们也能够保持一种“适度兴奋”的状态，能够激发出干劲、积极性和创造力，有助于提升我们学习和工作的效率。

因此，我们不必苦苦寻找消灭压力的办法，而是要在压力过大并超出自身承受能力的时候做好及时的调节，并将它控制在一个适度的水平。

这也是本书的主旨所在。阅读本书，你既可以了解压力背后的秘密，知道该如何解释自己身上的一些压力反应，也可以通过自我觉察、自我评估，描绘出自己的“压力反应模式”，方便自己在压力达到“抗压临界点”时能够立刻采取正确的应对措施。当然，最重要的是可以进一步提升自己的抗压能力。

本书还会指导你如何从认知、情绪、行为等角度进行自我调节。这些高效的抗压技术，不仅能够升华你的思维，改变那些束缚自我的消极看法，还能帮助你从压力中发现积极的意义，让压力推动自己成长和发展。

如果你对人际交往持负面态度，本书也会改变你的回避态度。你会发现，良好的人际关系能够成为“支持网络”，帮助你缓解压力。本书还会向你提供一些化解矛盾、冲突的好办法，让你在释放压力的同时能够享受与人交往带来的温馨和快乐。

本书将会成为你身边的“压力管理专家”，为你提供科学、细致的抗压方案，让你能够更加轻松地面对人生，能够游刃有余地处理好在工作、生活和人际交往中遇到的各种难题。

另外，为尊重隐私，本书案例中所涉及人名，均为化名。

目录
Contents

第六章 自我调适，化解压力的负面效应

第七章 职场减压，找到平衡人生的工作法

第一章
认识压力，揭开压力背后的秘密

1. 变化的压力：当生活成为过山车

“压力”是现代人无法回避的话题，每个人都会有自己的压力体验。压力的轻与重也不会一直保持不变，当我们遇到难以处理的问题，或是遭遇突如其来的事件时，压力便会快速增加，会让我们产生一种难以承受的感觉。

45 岁的朱洁是某公司总务部门的老员工。她能力平平，平时对待工作有些敷衍。不过，总务部的主管是个脾气温和的“老好人”，轻易不愿意得罪人，所以一直没有与朱洁过多沟通她的工作态度问题，这反而加重了她敷衍、拖延的工作习惯。

最近，公司进行内部调整，原来的主管离职，新任主管是一位“95 后”，虽然年轻，但是做事十分严谨，对员工也是严格要求。

在连续多次工作被新任主管评为“不合格”后，朱洁并没有反思自己身上存在的问题，反而认定是主管在故意针对自己。她为此常常跟家人、朋友抱怨，对工作也越来越厌倦。每天一进公司，她的心情就十分压抑，甚至开始萌生辞职的想法……

从上面这个案例中，可以看出朱洁有比较严重的工作压力。这种压力既与她不适应新任主管的领导风格有关，也与她的工作态度和看待问题过于绝对化有关（她只看到批评让自己感觉不舒服的一面，却不去想主管是不是在用这种方法来鞭策自己）。如果她不能转变思维，调整自己的工作态度，纠正偏颇的认知，工作压力还会进一步增加。

在现实生活中，因为各种原因陷入巨大压力中的人并不少见。权威机构的一项调查显示，中国有 45% 的人觉得自己“压力较大”，更有 21% 的人认为“压力很大”，这样的数字不能不引起我们对压力的重视。

在心理学上，压力也被称为“应激”，是指机体遭遇外界刺激，或是主观感觉受到威胁而引发的一系列身心反应，包括生理反应、情绪变化和思维、行为改变等。

也就是说，压力的形成至少与以下三方面的因素有关。

① 压力源：顾名思义，就是指压力的源头。它包括外部和内部的压力源，这也是压力产生的必要条件。外部压力源指的是那些能够引发心理应激的事件、环境，如转学、搬家、面临考试（求职、晋升、失业等）、身患疾病、遭遇事故或经济、情感出现危机等。而内部压力源则与个人的认知、态度、情感有关，比如有的人有完美主义倾向，经常给自己设置难以达成

的目标，就会让自身的压力不断增加。

② 压力感：主要指的是个体对压力源的感知情况。这种感知与个体对压力源的重视程度、对事物和环境的管理控制能力，以及对自己和他人的期望有很大的关系。比如同样面临考试，那些准备充分的学生和那些不太在意分数的学生都表现得非常轻松，看上去考试并没有让他们产生什么压力；不过，那些过于在意分数的学生或是知识掌握较差、对考试比较畏惧的学生就会觉得压力很大。

③ 压力反应：压力感会引发生理、心理、情绪、思维、行为等方面的应激反应。压力感越大，这些反应就会越发明显。比如在演讲前，有的人会特别紧张、焦虑，这属于心理、情绪方面的反应；此时，他如果出现心跳加速、手心出汗、有较强便意之类的情况，则属于生理方面的反应；如果他出现头脑空白、张口结舌、动作失调之类的情况，则属于思维、行为方面的反应。

由于压力源对每个人造成的压力感各不相同，压力反应的程度和持续的时间也会有所差异。比如，突发事件或是环境急速变化，会引发“急性压力”，如果持续时间较短，通常人都能够承受；若是在一段时间内遭遇连续不断的负面事件，也就是人们常说的“喝凉水都塞牙”的情况，则会造成压力不断累积，可引发“阶段性压力”；若是长期处于压力体验中，比如常年遭受生活贫困的压力，或是身患疾病难以治愈，从而给心理造成巨大的负担，就会引发“慢性压力”。

心理学家认为，绝对的无压力状态是不存在的。因为个体有各种各样的需求，如生存需求、安全需求、归属感与爱的需求、尊重需求和自我实现需求等，而我们为了满足这些需求会有选择地采取行动。那么，在这个过程中，压力就会不可避免地出现。

适度的压力能够成为我们进步提升的动力，但要是压力过大，或是长时间处于高强度的压力下，就会让人有不堪重负的感觉。这样的压力不但会影响我们的身心健康，还会引发记忆力下降、注意力不集中、思维迟缓、负面情绪严重、容易情绪失控等消极后果，也会干扰正常的工作、学习和社交。因此，我们一定要给予足够的重视。

在压力较大的时候，我们要学会自我调节，可以通过调整行为、改善认知、调节情绪等方法，缓解压力源对我们心理造成的冲击，让自己能够更好地适应变化的环境。

2. 压力累积效应：压垮你的最后一根稻草

相信大家都听过“压死骆驼的最后一根稻草”这句话，它出自一则阿拉伯寓言。这则寓言说的是一个贪心的主人不停地给老骆驼身上增加负荷，想让它搬运更多的货物。老骆驼一直勉强支撑着，直到主人将一根轻飘飘的稻草放在它背上，它再也承受不住了，轰然倒在地上，绝望地死去了。

这则寓言与心理学上的“压力累积效应”有相通之处：心理学家认为，压力对人的影响是可以叠加的。有时，一些生活小事让我们有了压力，但其影响微乎其微，并没有引起我们的重视。可这并不代表压力会消失，它是在不断累积，成为“叠加性压力”，会给我们造成越来越严重的消极影响。

等压力积累到一定程度时，即使像一根稻草这样微不足道的压力源，都会让我们突然崩溃。

27 岁的小景在一家互联网公司工作。由于工作任务非常繁重，他经常要加班到晚上十一二点才能回家。最近一段时间，他常会有精神疲惫、身体无力的感觉，对待工作也提不起劲来。可手头上的工作却不能耽误，他的上司、同事每天也都在催工作进度。因为一旦他这个环节出现问题，就会影响下一个环节的正常推进，所以他不得不苦苦支撑着。

这天晚上九点多，小景正在办公室里加班。忽然，女友打来电话，说忘记带家门钥匙，让他马上把钥匙送回来。小景正在处理一个非常重要的工作，因此就让女友稍微等一会儿。没想到，女友对此非常生气，还发起了脾气。小景无奈，只好答应回家送钥匙。由于公司附近不好打车，为了节约时间，小景就骑了一辆共享单车往家赶。

为了赶时间，小景抄近路、闯红灯，不仅违反了交通规则，还被交警拦下。交警正要对他进行说服教育，他却突然情绪爆发了。他抓起身上的手机、钥匙，一股脑儿地摔在地上，嘴里还大声喊着："为什么都要催我？为什么都要这么对我？我真的受不了了！啊……"

这是一个在长期积累的压力下突然崩溃的案例。我们可能正像案例中的小景那样，默默承受着来自工作、生活、人际关系的压力，既找不到释放压力的机会，也没有进行及时的自我调节。时间一长，压力的累积效应就会愈演愈烈，量变引起质变，压力迟早会在我们意想不到的时候突然爆发。

因此，我们不能自欺欺人地否认压力的存在，而是要学会觉察压力对自己的影响，并能够及时采取适当的应对措施，避免压力无限积累下去。

◆ 同一件事可以尝试换个角度看看

在压力大的时候，我们可以先思考一下让自己感到焦虑、烦恼的事情，然后说出自己的观点，尝试分析其中不合理的成分，再进行矫正。

我们还可以在脑海中设想事态发展的各种情境，同时想到一些解决的方案，这对减轻压力很有帮助。比如，我们可以对自己这样说：“这只是一件微不足道的小事，如果……我就会……，我相信自己一定能够克服这个困难。”这种说法能产生积极的心理暗示，会让人感觉更加自信，心态也会更加放松。

◆ 尝试将自己的感受告诉信任的人

在压力大的时候，可以尝试将自己内心的真实感受告诉信任的人，与人倾诉也是一种很好的缓解压力的方法。不过，现实中很多人不愿意把自己内心的真实感受讲给别人听。这主要是因为他们不想给别人留下性格软弱、能力差的感觉，所以他们宁愿把真实的内心感受压抑在心底。毫无疑问，这种“自我压抑”只会不断加剧压力累积效应。

因此，心理学家建议，这类人需要改变自我压抑的坏习惯，平时要学会释放自己的压力，积极表达自己的感受。比如，我们可以鼓起勇气和家人、朋友交流一下最近让自己很有压力的事情，当大家了解到我们的烦恼、痛苦后，不仅会给予我们关心和安慰，还会调整与我们相处的方式，这样我

们从人际关系中受到的压力就会逐渐减轻。同时，我们也得到了一个释放、发泄压力的机会，有助于恢复内心平和、稳定的状态。

◆ 尝试拥抱变化，弹性应对压力

不管是外部环境还是我们的内在心境都会不断发生变化。在面对变化时，我们常常会在“不确定性”的影响下产生压力。此时，我们需要转变态度——既然不能避免变化，就要学着去拥抱变化。

我们可以试着去发现“变化”的积极意义，从中找到个人提升和发展的机会；我们也可以做一些准备工作，这样当变化到来时自己就不会手足无措，工作和生活节奏也不会被随意打乱，更不会产生太多的压力。

总之，压力是需要适时调整的，只有这样，才能避免压力过度累积，我们才能更加轻松、乐观地面对生活。

3. 当压力遇上性别差异

我们可能并没有意识到，男性和女性在面对压力时的反应是有差异的。在与异性相处时，如果我们对这些差异不了解，就很容易引发不必要的误会。

40 岁的老汤在某公司担任部门主管已有四年。最近，他参加了公司的内部竞聘，想要争取核心业务部门的一个重要职位，不料却败给了竞争对手。

老汤十分失望、难过。回到家，他坐在沙发上，一言不发。妻子马丽问他出了什么事，他只是摇头，拒绝和马丽交流。老汤的态度，让马丽也非常生气。

马丽越想越觉得委屈，工作上，她在单位也遇到了不少难事，每天都忙得焦头烂额。家里，正在上小学的儿子也很不让人省心，成绩退步严重，不遵守学校纪律，还和同学打架，惹了不少麻烦。为了处理这些事情，马丽花了不少功夫，只觉得内心疲倦、烦闷不堪。

她想把自己在工作和生活中遇到的问题讲给丈夫听，想要从丈夫那里获得理解和宽慰，可他的态度却让她失望极了。她忍不住哭着说："我知道你现在正处在关键阶段，所以家里有什么事儿我都尽量自己扛，可你知道我有多累、有多烦吗？你就不能给我一点儿最起码的关心和安慰吗……"

案例中的这对夫妻就表现出了两种不同的压力应对方式：丈夫习惯将所有的感受藏在心里，哪怕是在承受着巨大压力的时候，他也只想待在"个人空间"里，安静地思考问题，不愿意与外界交流；妻子在压力面前，却有更加强烈的倾诉欲望，她渴望将自己的喜怒哀乐讲给别人听，以引起别人的共鸣，获得别人的理解和安慰，这样能够达到释放压力的目的。

于是就出现了这样的情况：丈夫无法满足妻子的倾诉欲望，妻子也没有意识到丈夫正处于重压之下。他们彼此缺乏理解和关爱，夫妻关系也因此变得紧张。

从这个例子，我们也能看出压力反应确实存在性别差异。具体来看，这种性别差异主要体现在以下几个方面。

◆ 行为差异

在压力面前，男性更倾向于选择消极的行为方式。比如，他们会否定

内心的感受，停止与他人进行沟通；与此同时，他们会表现出“自我封闭”的样子，对周围的人、事、物缺少足够的关注，也不会去思考自己的行为会让他人产生什么样的感受。

女性则会倾向于与亲朋好友、熟人进行沟通，会具体地描述自己的境遇，讲述自己的心情和感受，以便从外界获得足够的心理支持。

◆ 情绪差异

在面对压力和困难时，女性不会只专注于自己的压力，同时会注意到别人的情绪和需要。她们害怕自己会给别人“添麻烦”，因而也更容易产生自责情绪；另外，她们会表现得更加情绪化，经常感到焦虑、烦躁，有时甚至会情绪崩溃、号啕大哭。

有学者发现，慢性压力对女性造成的影响大于男性，有可能引发抑郁症、创伤后应激障碍和其他焦虑症。

相比女性而言，男性一般不太擅长用感性语言向他人倾诉自己的感受，但这并不代表他们内心就没有负面情绪。随着压力的不断累积，他们会感觉到更加强烈的痛苦、烦闷、焦虑、愤怒、抑郁等情绪，很容易引发情绪失控。

◆ 认知差异

在压力面前，女性更倾向于看到事物好的一面，也善于向亲朋好友寻求帮助，并会听取其中的一些建议，做一些改变来缓解自身的压力。而男性则更倾向于坚持原本的立场，但他们会想办法找出不同的解决方法，让自己渡过难关，从而摆脱压力。

了解了上述这些差异后，我们可以更好地理解异性在压力面前的心理变化，进而采取更加适当的应对方式。比如，在女性倾诉压力带来的烦恼时，我们不必急于给出建议，而是应当耐心地倾听她们的心声，让她们充分表达自己的情绪和想法。之后，再多给她们一些关心和安慰，让她们感受到我们的关怀之意。

当男性因为压力陷入自我封闭状态时，我们不仅不必用强硬的方式去改变他，也不要指责、攻击他，以免给他造成更大的压力。此时，我们不妨给他留下独处的空间和时间，待他的心情恢复平静后，再与他交流，帮助他开启心扉，说出心声，让他逐渐从压力中走出来。

当然，以上特征都是针对男性或女性这一群体而言的，不一定适用于每一个人。在考虑性别因素的同时，还应结合个人性格等其他因素来综合应对。

4. 不同年龄，面临的压力各不相同

发展心理学将人的一生按照年龄划分为多个阶段。在每一个发展阶段，我们都要承担不同的任务，当然也会面临不同的压力。

下面，我们来看一看压力是如何伴随着年龄的增长而变化的。

◆ 学龄期（6~12 岁）

在这一阶段，学龄期孩子的主要任务是打好学业基础，适应集体生活。适应较好的孩子会表现得比较轻松，他们通过勤奋学习取得了较好的成绩，会变得更加积极，对克服困难、完成目标也会充满信心。因此，他们感受到的压力也会较小。

但也有很多适应不良的孩子不仅没能养成较好的学习习惯，也未能获

得成功的体验（学习成绩不佳），还经常遭到父母、老师的批评，再加上孩子之间存在互相排斥、恃强凌弱的现象，这些都会成为学龄期孩子的压力源，不但会给孩子造成巨大的压力，还会影响其性格发展，让他们变得自卑、怯懦。

◆ 青春期（13~17 岁）

在这一阶段，随着生理、心理不断发展，青少年的内心也在发生着巨大的变化。他们一方面想要建立不同于他人的自我形象，另一方面又要面对自我角色的变化和冲突，难免会产生较大的心理压力。

如果青少年对自身有清晰的认识，对未来也有明确的目标，同时人际关系是和谐融洽的，适应环境的能力也比较强，那他便能够较好地应对压力，不会影响正常的学习、生活和交往；可如果青少年在探索自我时没能找到自己需要的答案，就容易出现自我怀疑、焦虑、冲动之类的心理问题，压力也会与日俱增。为了缓解压力，青少年就可能会故意做出一些叛逆的行为，也会用冷漠、逃避来掩饰内心的不安。

◆ 成年早期（18~25 岁）

在这一阶段，我们已经步入大学或是走上社会，会因为环境发生剧变而产生较大的心理压力。

不仅如此，随着人际关系网络的不断扩张，我们也会面临较大的人际关系压力。特别是在发展一段亲密关系时，我们可能会因为双方的生活方式、习惯爱好、性格品性不同而产生“磨合困难”，这也会让自己陷入巨大的情感压力之中。

◆ 成年期（26~65 岁）

在成年期，我们已经确立了自己的角色，开始在社会上立足。这个阶段，我们不但要承担结婚成家、养育孩子的任务，也要面临来自工作、家庭、人际关系等各方面的压力。

特别是在 35 岁以后，我们在事业上常会面临更多的挑战，再加上父母养老和孩子教育的压力与日俱增，难免会让我们产生“力不从心”的感觉。

对此，我们要主动接受自身角色的转变，让自己能够从抚养或引导下一代的任务中获得成就感、完善感。同时，也能从生产社会价值、创造性服务大众的工作中获得自我价值的肯定和延续，这不仅会使我们找到生命的意义，也能让我们更好地适应有压力的生活。

相反，若是一个人只考虑自己的需求和利益，却不关心他人，不肯向他人付出爱，也不关注社会的进步和发展，那就会进入一种自我停滞的状态，内心也会迷茫、困顿、充满压力。

◆ 成熟期（66 岁以上）

在这一阶段，我们逐渐步入老年，生理上的衰老、健康状况的下降，都可能带来绝望感和巨大的压力。

比如有的人会遇到退休后心理不适应的情况，与家人的关系也会变得紧张，他们会觉得自己已经“苍老无用”，被社会抛弃；有的人会因疾病缠身、身体日渐衰弱而产生巨大的压力；还有人无法正确地面对死亡问题，内心充满了焦虑和恐惧感。此时，他们都需要及时进行自我调整，使自己能够以超然的态度对待生活和死亡。

通过上述分析我们可以看到，不管自己正处于哪个年龄段，都会遇到不同的压力，我们要做的是更好地接纳自我，勇敢地直面压力。同时，我们也要明确自己在每一个人生阶段的目标，找到对未来的希望，使自己能够乐观、积极地面对生活。

5. 角色不同，压力感受大不同

在社会中，我们每个人都有不同的身份，需要扮演不同的角色。比如，我们会在性别角色、职业角色、婚姻家庭角色之间来回切换，各种角色也会在不知不觉中影响我们的行为模式、思维方式和压力应对方式。

李琳在某化妆品公司担任业务主管。她工作能力极强，受到上级的器重和同事的认可。她还有一个幸福的三口之家，丈夫年轻有为，孩子聪明可爱。在别人的眼中，她的生活完美无缺，可是李琳自己却觉得压力重重。

作为公司的业务骨干，上级对李琳寄予了厚望，但也给她布置了不少高难度任务，想要锻炼她的能力。最近，公司准备在其他城市铺展业务，领导希望李琳能够主动站出来承担开辟新市场的重任。李琳很想接受这个挑战，可她也知道自己不能就这么一走了之。

她的孩子刚上小学，学校离家较远，每天都需要人来回接送，日常生活和学习也需要家长多多操心。而丈夫工作十分忙碌，一个人无法处理好所有的问题。不仅如此，李琳还是独生女，她的父母年事已高，又都患有慢性病，身边更是离不开人。

一边是工作，一边是家庭，李琳夹在中间，不知该如何选择。她的内心十分矛盾，心情烦闷，工作时难以集中注意力，工作效率有所下降；她的情绪波动也很大，有时会莫名其妙地对家人发脾气……

李琳遇到的这种压力问题，在心理学上被称为“角色冲突”，指的是个体因无法同时满足多个角色的要求和期待，而产生的心理、行为上的不适应状态。

就像李琳在公司担任“业务主管”这个角色，公司对她的期待是“接受去外地开辟新市场的挑战，为公司无私奉献”，可她也在家庭中担任着各种角色（妻子、母亲、女儿……），家人对她的期待是“维持家庭稳定，关心和照顾好家庭成员”，这些角色的要求存在根本上的对立，所以很容易引起“角色冲突”，也会让李琳感觉压力很大。

除“角色冲突”，“角色模糊”“角色负荷”也是角色压力产生的重要原因。所谓“角色模糊”，也叫“角色不清”，指的是个体对自己扮演的角色认知不清晰，不知道别人对这个角色的期待是怎样的，也不清楚扮演该角色需要遵循什么样的行为规范。“角色模糊”会让人感到迷茫、无措，会因此产生不少压力。

至于“角色负荷”，也可以称为“角色超载”，指的是个体在同一时间承担的角色责任过多，或是因为扮演某个角色承担了超出自身能力范围的责任。比如，社会现在对“教师”这个职业角色提出了越来越高的要求，教师不但需要向学生传授科学文化知识，还要对他们进行思想品德、为人

处世方面的教育；与此同时，繁忙的教学工作让不少教师从早到晚都在忙碌，他们不但要备课、批改作业，还要撰写工作报告、应对家长提出的问题……在这种情况下，教师就很容易出现“角色超载”的问题，会让自己感觉身心疲惫、压力极大。

为了避免上述这些角色压力问题，我们需要做好以下这两方面的工作。

◆ 梳理角色责任

我们应当经常梳理自己扮演的各种角色，明确他人对自己存在哪些期待（要学会鉴别合理与不合理的期待），而自己又应当承担什么样的责任，由此就能够分清哪些是自己必须做的事情，哪些是“应该做的事情”和“不必做的事情”。这种梳理工作既可以避免“角色模糊”，又能让我们从“角色超载”中摆脱出来，对减轻压力很有帮助。

对于“角色冲突”问题，我们可以多寻求外界的支持和帮助，让自己能够更加轻松地游走于多个角色之间。像案例中的李琳不仅可以向亲戚、朋友寻求帮助，也可以考虑雇佣保姆、护工照顾家人，以减轻家庭角色需要她承担的责任，之后她就可以放心地面对职业角色对自己提出的要求，可以从容地锻炼自己的能力，让自己变得更加充实、自信。

◆ 调整角色期待

在他人对我们的角色有要求的同时，我们也会对他人的角色产生期待，有时这些期待其实是不合理的，我们却认为是理所当然的，如果对方做不到，就会让我们感到气愤和有压力。

比如，在职场关系中，领导期待员工为企业做贡献却不愿意拿出实质性的激励手段，而员工期待领导给予自己更多报酬，却不愿意付出任何努力；在家校关系中，教师期待家长能够无条件地配合自己的工作，不要随意“找麻烦”，而家长则期待教师对自己的孩子给予特别照顾，并把孩子培养成优等生、“全才”……这些都属于对他人的角色期待过高，需要进行合理调整，并要注意评估自己的行为，以合作的态度解决角色之间的利益分歧，才能够避免很多不必要的矛盾和压力。

在做好上述两方面的工作后，我们还应当积极地进行“角色实践”，也就是要在社会关系中不断深化自己对角色的理解和领悟，直到形成习惯，这样不但能从心理上真正接受这个角色，也能够获得社会大众对角色的认可，有助于保持心理健康和平衡。

6.“压力易感性格”是怎么回事

每个人对压力的感受能力是不同的。即使在同样的压力情境中，每个人也会有不同的心理感受和行为模式。有的人会表现得比较轻松，能够从容自若地应对挑战；有的人却觉得压力很大，并会因此吃不好、睡不好，情绪也会非常糟糕。

心理学家认为这种情况与人的性格有很大的关系。比如，有的人非常敏感，容易受到环境变化的影响，也非常在乎周围人对自己的评价，他们对于压力的感受就会更加明显；再如，有的人特别好强，遇事喜欢追求完美，经常用过高的标准来要求自己，这类人也更容易陷入压力的包围中。

按照对压力的敏感程度，心理学家将不同的性格大致分为“压力易感性

格”和“非易感性格”两大类。上述这些性格就可以归入“压力易感性格”中。

36岁的郑宇是一个性格非常内向的人，平时很少会主动与人攀谈，哪怕是在家中面对家人，也极少表露自己的感受。

他和妻子结婚已有八年，育有一子一女，妻子为了照顾孩子，早早辞去了工作，养家糊口的重担全压在他一个人身上。而他文化程度不高，只能做一些薪水微薄的工作。白天，他在一家服装厂打工，晚上会去做一些兼职，如此才能勉强维持生计。

三个月前，服装厂因为经营不善宣告倒闭。失去了主要经济来源后，一家人的生活陷入困境。妻子十分焦急，经常催促郑宇外出找工作，可郑宇却觉得妻子是看不起自己，嫌弃自己没有赚钱的能力。他怀着满腹怨气，和妻子吵了起来。在盛怒之下，他还将妻子推倒在地……

妻子委屈地哭了起来，两个孩子也被吓得号啕大哭。见此情景，郑宇也觉得十分后悔，但他不知该如何安慰他们，便只能披上外套匆匆逃出家门……这时他的心里无比痛苦、压抑，可他也不知该找谁倾诉，只能拖着无力的脚步，一个人在大街上慢慢地游荡……

心理学家曾经将人们的性格分为A、B、C、D四种类型，每种性格类型的特点都非常鲜明。像案例中的郑宇就表现出了明显的C型性格的特点，他不善于宣泄、表达自己的情绪，在感觉焦虑、难过、沮丧、抑郁的时候，倾向于压抑自己的情绪。但与此同时，他又会觉得非常痛苦，有时会因为无力应对生活的压力而感到绝望和孤立无援。此外，他还有情绪不稳定的问题，经常生闷气，同时变得过分敏感，生活中一些极小的事情都会让他感到很不安，别人在无意中说的一句话都会让他气愤难平，这些都会影响他应对压力的能力，一旦遇到某些压力源的刺激，就有可能引发强烈的情绪反应和不理智的行为。

那么，其他几种性格类型的人又会有怎样的压力感受呢？

◆A 型性格

A 型性格的人有较强的好胜心，渴望在竞争中取得胜利；而且他们会有一种时间上的紧迫感，会驱动自己在最短的时间内完成最多的事情，并会对阻碍自己“努力”的人或事进行攻击；他们还会有耐心不足的问题，对很多事情的进展都会觉得很不满意；他们总是闲不下来，一旦有空余时间，就会有种无所适从的感觉。

这种性格让他们经常处于较高水平的压力中，容易急躁、愤怒，对周围环境的适应性较差，人际关系也不太融洽，喜欢与人争辩，因而会引发人际矛盾和压力。

◆B 型性格

B 型性格的人与 A 型性格恰好相反，他们没有那么“赶时间”，不会为自己定那么多“最后期限”；他们比较喜欢放松的环境，不喜欢竞争氛围强烈的环境，平时他们也不太愿意讨论自己取得的成就，不热衷与人攀比，遇到不开心的事情也不会耿耿于怀；他们更加注重自我享受，追求悠闲、高品质的生活。

这种性格让他们承受的压力水平较低，但也会让他们成为“压力回避

型人群”——若是从事快节奏的工作，或是身处高压环境中，他们就会感到非常不适，有时不能及时、恰当地处理眼前棘手的问题。

◆D 型性格

D 型性格的人有情感消极、压抑的特点，常常会无端感觉烦躁、紧张、忧伤，并会对自我抱有消极观念；他们还会从悲观的角度解读人或事，而这些看法不仅会损害他们的进取心，也会让他们体验到更多的压力，还会影响他们的社会适应性。

在与人交往的时候，他们的言谈举止会表现得很不自如，并会始终与对方保持心理距离；他们还会压抑自己想要表达情感的欲望，以免遭到对方的拒绝，而这也会造成较大的人际关系压力。

分析上述四种性格的人群，我们会发现 A、C、D 型性格都可以归入“压力易感性格”，而 B 型性格更能够抵御压力，较少产生应激反应。

如果你觉得自己属于压力易感性格，就应当经常提醒自己多做“自我减压”。比如，A 型性格者可以尝试让自己的工作和生活节奏“慢下来”，并要开始训练自己“输得起”的能力；在与人相处时，则要改变过强的竞争心理，以便和他人和谐相处。

C 型性格者要学会表达自己的感受，特别是要适度发泄心中的苦恼、委屈和愤怒，避免不良情绪不断堆积，同时要多提醒自己不必过分敏感，要学会正确地看待他人的评价，不要对批评意见表现出过强的敌意。

至于 D 型性格者，应当学会从积极的角度看待问题，并要多参与社会交往和集体活动，平时还可以多培养一些兴趣爱好，使自己的心态变得阳

第二章 了解压力，找出自己的压力反应模式

1. 认识压力源，揪出压力的触发因素

我们已经知道，压力的产生离不开相应的压力源。在现实生活中，压力源的构成是非常复杂的，那些能够被我们感知，继而会引发积极或消极压力反应的情境、刺激、环境等都属于压力源。

具体来看，压力源又可以分为以下三类。

◆ 生物性压力源

这种压力源也被称为“躯体性压力源”，指的是由于躯体受到创伤，或是患有疾病、感到饥饿、感受到强烈的噪声和气温变化等，而受到的压力。另外，睡眠剥夺（睡眠时间未能满足机体保持清醒和警觉的需求）、性剥夺（正常的性需求得不到满足）等也会引发巨大的躯体性压力。

◆ 精神性压力源

个体经验、阅历不足，对于某些事件存在错误的认知，或是在成长过程中对某些事情有不好的体验，加上自身的性格有局限，容易受到不良暗示，会引发焦虑、嫉妒、多疑、悔恨等负面情绪反应，也会引发不同程度的精神性压力。

◆ 社会环境性压力源

家庭关系紧张，遭遇重大变故，遇到经济拮据问题，或是出现严重的人际适应问题，都有可能引发社会环境性压力。

在现实生活中，每个人遇到的压力源往往都比较复杂，很少会表现为纯粹的单一压力源。因此，我们在分析自身压力的时候，要将上述三种压力源看作一个有机的整体来考虑。

21 岁的杨芸是一名大三学生，进入大学以来，她的学习成绩一直比较理想。她性格活泼开朗，和同学、室友相处得非常融洽。不过，在一次校园招聘会后，她平静、乐观的心态却发生了改变。

在那次招聘会上，她亲耳听到几位师兄、师姐讲述目前严峻的就业形势：用人单位的要求越来越高，人才市场上的竞争也越来越激烈，大学毕业生想要找到一份好工作是多么不易……从那天起，杨芸陷入了对未来的担忧中，总觉得自身条件不佳，掌握的技能太少，毕业后会很难找到出路。

带着纠结的心情，杨芸打电话给父母，倾诉自己的烦恼。她的父母对她期望甚高，一听到她缺乏自信的话语后，不免有些生气。他们不但没有

给予她理解和安慰，还严厉地斥责了她一番，让她端正态度，不要“胡思乱想”。

父母的话让杨芸十分难受，为了不辜负父母的期望，她不断逼迫自己努力学习。于是，她每天早上提前一个小时起床，晚上也在自习室苦学到深夜……一段时间过去，她的成绩并没有得到提升，健康状况却明显下降，出现了失眠、头晕、乏力、食欲不佳的问题。并且，学习时注意力难以集中，心情烦躁不安，还总想发脾气……

在这个案例中，杨芸在招聘会上接收到了不利信息，对自己的未来发展产生了错误的认知，给自己造成了强烈的心理压力，这种压力源属于精神性压力源；父母对她的心理变化不了解，不但没能给她提供有效的支持，还对她批评、指责，更是加剧了她的内疚心理和焦虑情绪，这种压力源属于社会环境性压力源；而她不断延长学习时间，剥夺正常的睡眠，造成身体严重疲劳，从而也影响了学习效果，这种压力源属于生物性压力源。

如果在日常工作、学习和生活中感受到压力，那我们可以按照这样的方法去分析“压力源”。除此以外，我们还应当注意“压力源”也有急性和慢性之分。

“急性压力源”被称为消极生活事件，一般不具有连续性，多是一些明显的生活改变，会带来短期的、比较强烈的压力。而“慢性压力源”则指的是一些日常生活中的困扰，或是长期的社会事件，它们所带来的是长期的、持续性的、不太明显的压力。

为了更好地对压力源进行梳理，我们可以尝试进行以下几个步骤。

◆ 利用“蛛形图”梳理压力源

首先，我们找一张白纸，在中心画一个圆圈，用来代表自己。然后，围绕圆圈向外画出一条条延伸的“脚”。最后，再在延伸的“脚”上标出给自己带来压力的事情。

在绘制图形时，我们尽可能地列出所遭遇的各种压力事件。最终，纸上会出现一个类似蜘蛛的图像，随之各种压力源也会清晰地呈现在我们眼前。

◆ 对每一个压力源评分

我们可以对每一个压力源进行评分，看看自己受到的影响有多严重。为了让评分更加直观，我们可以用 0~10 这十一个数字来打分。数字越大，代表压力源对自己的影响越明显，而 10 分则表示压力源已经给自己带来了无法承受的压力。

需要提醒的是，我们在评分的时候应当尽量客观公正，不要带着自己的主观情绪随意打分，否则得到的结果会失去参考价值。

◆ 找出影响最大的三个压力源并制订“减压计划”

经过梳理和评分后，我们可以找出三个对自己影响最大的压力源，然后将注意力集中在上面。想一想，我们今后应当怎么做，才能让压力减轻。

我们还可以把自己能想到的减压措施写在对应的压力源下方，并做好具体的“减压计划”，敦促自己积极执行。

最后，我们还要对“减压计划”进行定期检查，看一看这份计划是否起到了效果。如果效果不佳，那我们就应当重新梳理压力源，并再次制订

新的减压计划。

2. 撰写压力日志，监控和记录你的压力

为了更加直观地认识自己所承受的压力，并且能够准确地定位压力源，我们可以引入压力记录工具——压力日志。

这种日志的形式与我们平时写的生活日记相似，也需要记录清楚具体的日期、事件等信息。但它与生活日记不同的是，压力日志的重点是关注自己对压力的体验，至于与压力变化无关的生活琐事则不必记录在内。

24 岁的冯蕾远离家人，在外地工作。2021 年 6 月，她因为对工资待遇不满意，所以选择了辞职。但之后，她既没有回老家，也没有再找工作，而是在出租房里备战考研。

最初的一段时间，她斗志昂扬，在复习时也能够保持专注，学习效率很高。可随着考试的临近，她感觉压力越来越大，经常会出现烦躁、恐惧的情绪。有时，还会不停地责怪自己不够努力，从而陷入强烈的自责情绪中。

为了觉察和评估自己的压力水平，她开始撰写压力日志。下面就是她在 7 月 18 日写下的日志。

日期：2021 年 7 月 18 日

压力情境 / 事件：

最近，我的状态一直不太好。今天早上起床后，我就觉得很糟糕，有很强的无力感，看什么都觉得心烦。

上午，我本来打算做一套卷子，但室友来找我聊天。她看到我糟糕的状态还劝我出去逛逛街，让身心放松一下。我不好意思拒绝，便答应和她一起出去。结果，我感觉自己浪费了整整三个小时。

其实，在外面逛街的时候我并没有感到快乐。因为我一直在想着没能完成的试卷，同时我也认为自己这样挥霍时间是非常错误的行为。

回到出租屋后，我本想尽快弥补“损失”，但就是提不起劲来。一坐在书桌前，心中就会出现千头万绪，让我无法静下心来学习。后来，我干脆躺在床上刷手机，让自己轻松一小会儿，谁知一刷就是一下午……

我觉得自己就是个矛盾体，有时恨不得抓住一切时间，废寝忘食、通宵达旦地学习；有时又容易懒惰懈怠，眼看着宝贵的时间白白溜走，我却什么都做不了……

压力水平：4 级（按照 1~6 级评估）

在冯蕾的压力日志中，我们可以发现她面对的主要压力源是即将到来的考试，该压力源已经对她的情绪、认知、心境造成了消极影响。比如，在情绪方面，她常常会有烦躁、紧张、焦虑的情绪，并且在无法按时完成学习任务时还会产生强烈的自责情绪；在认知方面，她难以集中注意力，无法进行深入的思考，学习效率不断下降；在心境方面，她出现了长时间的低落情绪和无力感。这些对于压力体验的记录都是比较详细的，能够帮助她更好地了解压力，以及进一步缓解或排解压力。

从这个案例中，我们可以大致了解压力日志的记录方法。它至少应当包括以下几方面的内容。

◆ 描述当时的具体情境

我们可以描述自己遭遇的压力情境，包括时间、地点、相关人物、事件经过和结果等。这可以帮助我们准确地定位压力源。

◆ 描述压力对自己的影响

我们可以从情绪、认知、行为、心境四个维度来描述自己在压力下的变化，比如当时有什么样的心情，脑海中有什么样的想法，采取了什么样的行为，或是最近一段时间的自我感觉如何等。

心理学家塞赖曾经提出过“心理压力的三个阶段”，可供我们在描述时参考。

第一阶段：惊恐。最初感受到心理压力时，我们还不能完全适应当前的情境，很容易产生焦虑、恐惧、抑郁等负面情绪。

第二阶段：抗拒。随着心理适应能力逐渐发挥作用，我们会自觉或不自觉地采取一些缓解压力的措施，帮助自己慢慢放松下来。

第三阶段：力竭。如果在抗拒阶段，我们采用的措施无效或效果不大，心理适应能力也被消耗殆尽，我们就会出现沮丧、无助乃至绝望的情绪。

在描述自身压力时，我们可以对比上述这几个阶段的特点，看看自己的心理适应能力是否已经被耗尽。

◆ 对压力进行自我评级

我们还可以像冯蕾这样，将自己承受的压力按照强度分为1~6级，然后根据压力对自己产生的影响进行客观评级。其中，3级以下属于压力水平正常或较小，而3级以上则对应着压力水平中等、偏重和严重。

类似这样的压力日志，我们要坚持定期做记录。如果条件允许的话，最好是每周记录1~2次。在日志中，我们除了要清楚地描述压力，还要进行自我审视和深刻反思。这样才能发现自己在认知和行为上存在的问题，从而有助于找到适合自己的减轻压力的措施。

3. 描绘自己的“压力反应模式”

当身处压力情境中时，我们常常会习惯性地做些什么。所做的事情，不仅能够控制或改变眼下的处境，解决或消除给自己带来的压力问题，也能缓解因压力而产生的情绪反应。

久而久之，这就会形成一种我们所固有的“压力反应模式”。

32岁的池岚曾经是个性格温和的人，但在结婚生子后，她的脾气却变得越来越不好。究其缘由，有两方面原因。

一方面，是工作。由于她所在的行业竞争非常激烈，公司给每位员工都制定了业绩目标。池岚虽然非常努力，但是也只能勉强达到目标，这让她感觉到工作压力极大。

另一方面，是家庭。她在家里也很难获得心灵上的慰藉。因为3岁的

儿子体质不佳，所以孩子经常感冒、发烧。每当这个时候，她都需要请假带孩子去看病。不但耽误工作，还被扣发了不少奖金。因此，现在她特别担心孩子会生病，每次听到孩子咳嗽一声，她都会感到心慌、害怕。

有一次，她烦躁到了极点，猛地就抓起手边的茶杯，用力地摔在地上，听到那一声巨响后，她觉得心里舒服了不少。从那以后，她常常会在遇到难事的时候摔东西、发脾气。

时间长了，她也越来越控制不住自己的情绪。有时，哪怕是一些无关紧要的小事，也会让她大发雷霆。为了不惹她生气，家人平时做什么事都小心翼翼的，可她看到他们战战兢兢的样子，反而更加恼火了。

最近，她发脾气的频率越来越高。每次发作之后，她的压力并没有得到缓解，内心还是很不好受。有时，她就想休息一下，却又会不由自主地想起那些烦心事，越想越觉得烦躁、痛苦……

在工作压力、家庭压力的双重重压下，池岚没能及时地做好自我调整，而是将发脾气、摔东西当作发泄压力的解决办法，这让她养成了一种不良的压力反应模式。习惯之后，可以预测她一旦遇到压力，肯定会暴怒发火。这种反应模式并没有真正达到缓解压力的目的，反而让她的“压力阈值”变得越来越低——以前她性格温和，承受压力的能力比较好，但现在她却连最微小的压力都承受不住，情绪也变得很不稳定。

这种情况被心理学家康妮・里拉斯称为“战斗”的压力反应模式，有这种模式的人在压力面前会出现愤怒的、激动的、有攻击倾向的反应，不但会损害身心健康，也会严重影响人际关系的和谐、稳定。

当然，由于每个人的思维方式是不一样的，自然解决问题的能力也就有高下之分，再加上个人价值观念以及拥有的资源方面存在差异，这就导致压力反应的模式不尽相同。具体来看，常见的压力反应模式除了上述的“战斗模式”，还有以下几种。

◆ 积极行动模式

有的人不但不会被巨大的压力打垮，反而还会被激发出强烈的挑战欲望，并全身心投入眼前的工作中，倾尽全力达到目标。

根据美国心理学家拉扎勒斯的研究，这种积极的压力反应模式源于个体对压力源和自身能力进行了积极的评价，这种评价可以分为三个环节。

（1）初级评价：个体会将某一事件（压力源）评价为具有冒险性、挑战性的，并会因此产生期待感和兴奋感，但也会有少许的焦虑、不安。

（2）次级评价：个体会先对自己的应对方式、应对能力、拥有的资源进行评价，然后再看自己是否能够较好地掌控局面，如果答案是肯定的，个体就会产生骄傲、满足、喜悦等积极情绪；如果答案是“有一定挑战性，但最终能够成功”，个体也会对结果抱有希望和信心。

（3）重新评价：个体会对自己在压力下产生的情绪和行为反应重新进行评价，如果这种反应能够有效减轻压力，个体就会充满信心地继续坚持下去，压力也会得到进一步缓解。

比如，一名员工遇到了一个非常棘手的新项目，经过初级评价后，他对该项目产生了期待感；而在次级评价中，他认定该项目具有一定的挑战

性，但他相信自己可以做到，因而充满信心地开始了工作。在之后的日子里，他加班加点地核对数据，一丝不苟地撰写方案，逐渐发现项目进展得比自己想象的还要顺利。此时，他又重新评价，对自己各方面的表现非常满意，该任务带给他的压力也减轻了不少……这正是采用积极行动应对压力的结果。建立这样的压力反应模式，不仅可以帮助我们化压力为动力，还能够帮助我们战胜困难，获得自己想要的结果。

◆ 回避模式

回避模式是一种退让的、压抑的压力反应模式，会让个体习惯性地选择放弃眼前的难题，逃离压力情境。这固然能够让个体在短时间内感觉比较放松，但也会不断打击个人的意志力和进取心，会让个体变得越来越消极、懦弱。同时，也会让个体失去很多进步和成长的机会。

◆ 任其自然模式

任其自然模式也是一种消极的反应模式。有这种情况的人在压力面前会变得无动于衷，不想做任何事情去改变现状。他们认为自己的努力是无效的、没有意义的，但其实他们的内心又是愤怒和压抑的。

◆ 寻求信息及帮助模式

这种模式属于积极的反应模式，有这种情况的人都是对自身的能力、拥有的资源进行了客观评价的。他们虽然认为单凭自己的努力还不能够顺利地渡过难关，但是他们并没有选择逃避，而是将目光转向外界，积极主动地与他人沟通，以便获取解决问题所需要的信息以及来自他人的助力。因此，他们能够顺利地走出困境。

了解了这几种压力反应模式的特点后，我们可以根据平时撰写的压力日志，描绘出自己的压力反应模式。如果发现这是一种消极的反应模式，就应当有意识地对压力源和自身能力、资源等进行积极的重新评价，以免自己长时间被某种压力所困。

4. 自我评估，衡量自己的最佳压力水平

我们都知道，压力过大会给自己造成很多不良影响。比如，会造成注意力不集中、记忆力和理解能力下降，还会引发焦虑、烦躁、抑郁等负面情绪，并有可能产生对工作或学习的厌倦感。

那么，压力是不是越小越好呢？答案是否定的。

心理学家叶克斯与多德森曾经提出过“倒 U 形假说”。根据这一假说，我们会发现在压力过大或压力过小的时候，人们学习、工作的效率水平都非常低（表现为“倒 U 形曲线”的两个最低点）；只有当压力达到最适当的水平，效率水平才会达到最高点（表现为“倒 U 形曲线”的顶点）。

之所以会出现这样的情况，其实也不难理解。在面对有难度的任务时，过强的压力会让我们的心理一直处于高度紧张的状态，注意和知觉的范围反而会变得过于狭窄，思维能力、创造能力也会受到限制，因而会影响到工作和学习的效率。

而在压力过小的时候，我们对眼前的任务很难产生足够的重视，还会有动力不足的情况，在学习或工作的时候容易产生厌倦感、疲惫感，思考问题时容易分心走神，导致思维天马行空、欠缺条理。

由此可见，压力过大或过小都会让我们进入低效或无效的状态。所以，我们应当找到自己的最佳压力水平，才能充分发挥自己的能力，高效处理问题。

德国网球名将鲍里斯·贝克尔曾经获得过3次温布尔登网球赛冠军、2次澳大利亚公开赛冠军，是网球场上的“常胜将军”。他之所以能够取得这样的战绩，有一个非常重要的原因，就是他在比赛中一直能够保持“半兴奋状态”——压力处于最佳水平，让自己能够适度地兴奋起来，注意力、快速反应力、协调力都调整到最好的状态，这种状态又被外界称为“贝克尔境界”。

与贝克尔相比，澳大利亚长跑运动员罗恩·克拉克的表现就让人十分惋惜。克拉克的实力非常强劲，曾经打破过11项世界纪录。然而每次走上奥运会的赛场，他的表现就会明显失常。以他的实际水平，碾压所有对手、获得金牌并不是难事，可他却仅仅取得过一枚铜牌，让对他寄予厚望的人们十分惊讶。

克拉克在重大比赛中屡屡失利，不是因为他的实力不够，而是因为他的取胜动机太强，无形中给他施加了过大的压力，导致身心过于紧张，影响了正常发挥。这种让人遗憾的情况也被心理学家称为“克拉克现象”或“克拉克魔咒”。

“贝克尔境界”和“克拉克现象”提醒我们注意做好以下两点。

◆ 衡量自己的最佳压力水平

我们可以通过分析压力日志和压力反应模式，绘制自己的“倒U形曲线”，找到曲线的最高点，定位自己的最佳压力水平，并可以据此管理好自己的工作和生活。

比如，在适度的压力下，我们能够进入“贝克尔境界”，此时头脑最为清晰、工作效率最高，这时可以去完成一些重要的或是需要大量创意的任务；而在压力过大、状态不佳的时候，可以去完成一些不太重要的或是难度较低的任务，这样就不容易出现失误；在压力过小、兴趣匮乏的时候，可以主动给自己设计一些新鲜有趣的具有挑战性的任务，在完成任务后，我们会获得成就感和愉悦感，能够让自己渐渐兴奋起来。

◆ 学会调整过强的动机

在面对重大挑战和考验的时候，我们应当学会调整自己过强的动机，要确定合理的目标和期望，避免给自己带来太大的压力。

比如，在参加重大比赛前，就一定不能对自己说：“我应当不惜一切代价取得胜利！”“我一定不能输，要不一切都完了！”类似这样的话语就是在强化动机，很容易引起过度紧张、焦虑，会让我们无法发挥出全部实力。

所以，我们应当纠正这些不正确的想法，代之以“平常心”来应对考验，这样才能让自己恢复到最佳的压力水平，取得良好的表现。

5. 提高警惕，定位你的“抗压临界点”

适度的压力能够成为动力，会让我们产生兴奋感，思维会变得更加敏捷、反应也会更加迅速，但是我们很难持续保持这种理想的状态。当压力水平超过某个点时，对我们造成的影响就会从积极转为消极，而这就是美国压

力管理专家伊夫·阿达姆松提出的“抗压临界点”。

每个人的抗压临界点是不一样的，阿达姆松通过大量的研究，总结出了抗压临界点的四种类型。

① 抗压临界点过低，甚至远低于常人水平：抗压能力很差，对压力过于敏感，只要压力略有增加，就会感到身心不适，并会出现沮丧、抑郁等消极情绪。

② 抗压临界点略低：不能承受太大的压力，但是能采取措施避免身心受损。

③ 抗压临界点略高：承受压力的能力较强，能够较好地应对各种压力源。

④ 抗压临界点过高：对压力的警觉度较差，身心已经受到了过大压力的损害，自己却没有明显的感受。

由此可见，抗压临界点过高或过低都不利于压力的自我管理。那么，我们又该如何进行自我调整呢？

◆ 抗压临界点过低时：提高心理承受能力

抗压临界点过低的人，应当注意从适应力、容忍力、耐力、战胜力等方面提升自己的心理承受能力。

（1）提升适应力：在压力袭来时，我们可以主动调整自己的行为方式、思维方式，增强主动性、积极性、灵活性，以更好地适应变化的外部环境。比如，我们可以客观地分析自己面临的处境，明确未来的行动方向，以摆脱迷茫无措的感觉；我们还可以对自己进行全面的评价，以发现自己不适应外部环境的真正原因所在，再想办法进行改善。

(2) 提升容忍力：面对压力，我们还要锻炼自己容忍不良现状的能力，这能够强化心理韧性，使我们不会因为一些微小的打击就变得痛苦、沮丧、悲观、失望；容忍力还能够提升我们的意志力，帮助我们战胜失败和挫折，变得更加成熟和坚强。

(3) 提升耐力：复杂、困难的问题很难在短时间内得到圆满解决，我们往往需要花费大量的时间，处理好一个又一个小细节，才能获得最终的成功。在这个过程中，耐力会发挥非常重要的作用——耐力越强，我们越不容易产生疲惫感、烦躁感，也不会有动力衰竭的感觉。所以，我们应当注意提升耐力，比如可以调节工作或学习的节奏，像每工作 30 分钟，就休息 5~10 分钟，有助于清除头脑“缓存”，减少压力，强化耐力；另外，我们还可以巧妙地安排不同难度或类型的任务，让自己随时获得新鲜感，也有助于增强耐力。

(4) 提升战胜力：战胜力代表了我们对事物的掌控感和对取得成功的信念感，不仅能让我们变得更加自信，也能够提高抗压临界点。为了锻炼战胜力，我们需要更好地认识自己已经具备的能力和可能拥有的潜力，这样在遇到一个棘手的问题时，我们不会马上得出“我做不到”的结论，而是会更加理智地分析现状，因而能够减少逃避、退缩的心理和沮丧、焦虑的情绪。

◆ 抗压临界点过高时：提升压力觉察能力

当压力过大时，身心会发出“预警信号”，我们应当注意分辨，以便及时觉察自己正在承受的压力。

(1) 生理信号：压力过大的时候，体力、精力消耗会加大，容易引发

各种疲劳症状，如身体沉重、体力不足、容易犯困等；在面对工作或学习任务时，我们会感觉没有动力，还会出现“习惯性拖延”的问题，有时更是要把事情拖到“死线”（deadline）来临前才不情愿地着手处理。这些正是身体向我们发出的“警告”：让我们抓紧时间休息，不能毫无底线地承担巨大的压力，否则很容易引发严重的身心健康问题。

（2）情绪信号：压力与情绪之间是密不可分的关系，压力越大，情绪就越难保持稳定。焦虑、烦恼、痛苦、沮丧、绝望等负面情绪接踵而至，会让人有一种不堪重负的感觉，此时如果再遇到一些不如意的事情，就很容易出现“情绪失控”的问题：我们可能会因为一点儿小事或他人一句无心的话语而大发雷霆或崩溃大哭。所以当发现自己变得越来越“敏感”、越来越有“攻击性”的时候，应当想到自己身上的压力是否已经超越了“警戒线”。

（3）行为信号。压力还会让我们变得非常紧张，会让身体感觉紧绷，行走、做事的动作也会不知不觉地加快，有时还会出现一些咬笔头、用手指敲击桌面之类的小动作，这也是内心的压力无从纾解的一种表现。

（4）认知信号。压力还会造成注意力分散和专注力下降，所以当发现自己无法集中精力做一件事情的时候，我们不妨先停下来休息一会儿，或是做一些能够排解压力的事情。之后再回到这件事上，就会发现自己的思路变得清晰起来，做事的效率也会比之前提升不少。

上述这几点都是压力过大时容易出现的“信号”，抗压临界点过高者应当多关注这些迹象，以便及时发现自己身上存在的压力问题，继而能够采取适当的措施来舒缓压力。

6. 找出“压力弱势因素”，提升抗压能力

抗压能力是一种非常重要的心理品质。抗压能力强的人，不仅能够有勇气和毅力面对新挑战、新问题，也能够让自身的能力得到更好的锻炼；而在风险和危机到来时，他们也能够表现得冷静、从容，会通过积极的行动，让遇到的困难迎刃而解。

那么，我们该如何提升自己的抗压能力呢？根据心理学家的建议，我们首先需要找出自身存在的“压力弱势因素”，因为它们会让我们的“抗压系统”变得脆弱，使得我们的抗压能力不断降低，让我们更容易因压力过大而崩溃。

以下就是一些常见的“压力弱势因素”。

◆ 不良环境

良好的外界环境能够符合我们生存和发展的需要，会让我们产生轻松愉快的体验，有利于维持稳定的、健康的心理状态。但是在现实生活中，我们常常会不情愿地置身于不良环境中，并会因此产生心理压力和负面情绪。

比如，工作环境过于逼仄、嘈杂，工作中频繁受到干扰，室内还挂满了各种励志口号、业绩排名图表，同事之间的关系也是以竞争为主……这样的环境就会给人造成过大的压力，情绪也会变得特别紧张，容易影响工作效率；再如家庭成员关系不和，经常争吵，彼此不够尊重，或是缺少沟通和关怀，身处这样的家庭环境中，也会让人感觉到压抑、烦躁。

◆ 心理创伤

过去的一些不良经历，会在一个人的心中留下深深的阴影，并会对后

期的生活造成不同程度的影响。比如，在童年期经常被呵斥、体罚，或是父母极度冷漠，从不回应自己的情感要求，会让正常的情感发展受到压抑；再如在人际关系中遭到他人的孤立或欺辱，也会留下“心理阴影”，并可能引发恐惧、愤怒、抑郁情绪。

这些不良经历不仅会在当时给我们造成严重的心理压力，还会在日后时不时地浮现在我们的脑海中，给我们带来持续性的压力体验。即便大脑的自我保护机制能够将某些创伤经历压抑到潜意识区域，让我们能够暂时忘记它们，可一旦遇到特定情境或是相关的人和事物，这些记忆就会被突然唤醒，会让我们产生一种无法承受的感觉。

◆ 性格方面的缺陷

每个人的性格都不可能是完美无缺的，在我们身上总是或多或少地存在着一些性格缺陷，虽然没有达到心理障碍的程度，却会成为不可忽视的压力弱势因素。

比如性格过于悲观，一遇到不太如意的事情就会垂头丧气、怨天尤人，心理压力极大；再如性格过于急躁，有时还没做好充分准备就盲目行动，在行动过程中又缺少耐心、恒心，还喜欢与人攀比，生怕会落后于人，导致心理常常处于紧张、焦虑的状态；还有性格过于自卑，对自己的社交能力、表达能力、做事能力缺乏自信，甚至还会对自身的形象做出过于负面的评价，让自己背上不应有的心理包袱，不但会阻碍正常的人际交往，还会导致压抑、孤独等不良心态。

◆ 不良习惯

生活中的一些不良习惯也会成为“压力弱势因素”，做事拖延就是其中之一。拖延不但会让任务的完成遥遥无期，还会给自己带来很大的心理压力，并会引发焦虑、紧张、抱怨、烦躁等负面情绪。

另外，很多人喜欢一心多用地做事，觉得这样可以节省时间、提高效率，结果不但频繁出错，还会消耗本来就很有限的专注力，使得办事效率大大降低，也会让自己更加紧张、焦虑。

此外，不喜欢与他人沟通其实也是一种坏习惯。因为沟通可以帮助我们与他人交流看法、增进感情、消除误解。有很多时候，因为缺乏良好的沟通，我们可能会陷入一厢情愿的想法，并会因此受困于不应有的压力。

了解了上述这些压力弱势因素后，我们可以进行自我反思和评估，找出自己身上最为明显的“弱势因素”，再进行有针对性的调整，以提升抗压能力。

比如针对不良环境，我们可以通过改变周围环境的色彩、布置绿植、玩具、配饰等来营造温馨、轻松的氛围，从而达到减压的目的；如果不能随意变动环境，我们也可以通过转移注意力、自我暗示等方法，让自己不要过于关注眼前的环境，也就不会总是感觉紧张、烦躁。

对于过去的不良经历和自身的性格缺陷，我们要敢于面对，不要刻意去回避它们。我们还要仔细分析让自己悲观、自卑或急躁的原因，进而调整认知，找到改善自我的办法。与此同时，我们也要正视自己的不良习惯，要主动调整自己的行为，减少拖延、保持专注、多与人沟通，可以有效地舒缓压力、放松身心、改善情绪。

第三章

提升认知，别让非理性思维拖垮了你

1. 改变固有想法，发现压力的积极一面

一提到压力，我们可能会很自然地想到它带来的负面消极的影响。可事实上，压力并不都是有害的。被称为“压力之父”的心理学家汉斯·薛利就提出了“良性应激”这个概念。

“良性应激”也被称为“正向压力”“积极压力”“良性压力”，指的是压力中“令人愉快和具有建设性”的部分，能够促使人们发挥主观能动性，努力达成自己的预期目标。

在现实生活中，有很多种情况都会出现“积极压力”的影子。在下面这个案例中，这位自媒体创业者就是在积极压力下实现了自己的“日更”目标的。

卢娜最初进入自媒体行业时，并没有明确的规划。她只是接受了朋友的建议，于是抱着试一试的态度发表了几篇文章。

没想到读者对她的文字非常认可，阅读量提升得很快，有一篇文章的阅读量突破了10万，成为“爆文”，后台的粉丝数量也从几十人猛涨到了一千多人。

这样的结果让卢娜非常惊喜，也让她对自媒体写作增强了信心，打算坚持做下去。

可是，好景不长。卢娜发现坚持“日更”是一件非常困难的事情，有时本职工作太忙，或是家里杂事太多，她就提不起精神去找选题、写文章。再加上自媒体没有严格的制度和要求，卢娜渐渐养成了“三天打鱼，两天晒网”的坏习惯，由于更新量得不到保证，账号的人气出现了明显下滑。

“这样下去可不行，我得给自己一些压力。”卢娜这样说道。她要求自己每天至少发表一篇文章：时间充裕的话发表长图文，实在忙不过来就发表一篇短动态。总之，一定要保证更新频率，不能让关注自己的读者失望。

有了一定的压力后，卢娜没有再随意拖延写作，看着账号上越来越丰富的内容，她心中也有一种强烈的成就感，并且就这样坚持了下来。

几个月过去了，卢娜的账号已经拥有了上万粉丝。因为坚持不辍地更新，她还获得了平台的奖励。卢娜的努力付出，也让她在一次征文比赛中成功获得了一等奖……

卢娜的成功案例，恰恰证明了压力也有积极的一面，它能成为很好的动力和“催化剂”，可以让人变得更加积极主动，不仅有助于提升工作、

学习的效率，还能让人鼓起勇气直面挑战、战胜困难。

具体来看，积极压力（良性应激）至少能够产生以下几种正面影响。

◆ 提升短期记忆力

积极压力能够让记忆力获得暂时提升，这是因为脑细胞在适度的压力下会比在稳定的环境中更加活跃，能够激发记忆、联想的能力，所以能让我们记得更加清晰。不仅如此，积极压力还能提升我们的“警觉性”，不仅让我们的注意力更加集中，也能够提升我们对所学知识的回忆能力，甚至还会想起之前遗忘的东西。比如在记单词的时候，如果按部就班地一个个记忆，会发现效率很低，记忆也不牢固。可如果适当地给自己加压，试试一分钟、三分钟、五分钟能记住几个单词，效率就会有明显的提升，并且记住的单词也不容易遗忘。

当然，能够提升记忆力的压力必须是适度的，倘若压力剧增或是持续时间过长，反而会让思维出现停滞，还可能会引起暂时的记忆空白。比如，长期处于高度压力下的人可能会出现张口忘词、提笔忘字的情况，这就是压力已经超出身心负荷的表现。

◆ 提升工作和学习的效率

积极压力能让人保持高度清醒，帮助人更投入地参与到某件事情中去，能够让人更专注地工作或学习。同时，它也能提升工作和学习的效率，能最大限度地激发人们的创造力和想象力。

宾夕法尼亚大学的心理学家拉瑞纳·凯斯博士就曾经这样说道：“如果你去问任何作家、艺术家他们的创作过程，他们肯定会说自己最好的作品是经历了各种压力之后才创作出来的。”

凯斯博士提到的压力正是积极压力，比如任务的截止日期就能带来积极压力。它会让我们的神经兴奋起来，不仅能够提高我们完成工作任务的热情，还能促使我们进行突破性的想象。因此，积极压力总能为我们带来让人惊喜的效果。

◆ 提升自我能力

积极压力会形成这样的良性循环：压力产生→分析压力源→找到行之有效的解决方法→付诸行动并提升自我能力→新的压力产生→更加得心应手的处理方式……

这种管理压力的过程无疑是一种最好的能力训练，随着时间的推移，我们不仅能够处理好现在和将来的压力，还能养成在面对困难和挑战时保持积极乐观的心态。这会让我们变得更加坚强，更有韧性。

◆ 提升对环境的适应能力

积极压力还能帮助我们适应环境、提高心理承受力。在面对压力时，我们能够逐渐学会自我调节和适应。即使以后再面对同样的情况时，我们也能很好地承受，不会出现一遇到问题就马上被压垮的现象，也不会让情绪长时间处于烦躁或低落的状态。

了解了上述这些压力的积极影响后，我们可以尝试着调整自己的认知。不要总是对压力持逃避、抗拒的态度，那会让我们只注意到压力本身，却忽略了除此之外更重要、更有意义的事情。同时，如果我们对压力过度关注，也会让情绪更加紧张、焦虑、烦躁，这无疑会加重压力。如果不做调整，

就会形成恶性循环。

正如著名心理学家罗伯尔所说："压力如同一把刀。它可以为我们所用，也可以把我们割伤，那要看你握住的是刀刃还是刀柄。"因此，我们要做的就是握住"刀柄"——压力的积极面，让它能够对我们的工作和生活产生正面的影响。

2. 甩掉完美主义思维，建立更加现实的目标

社会上，许多人都有完美主义的思想。他们会给自己设定较高的标准，促使自己努力去达成。在心理学家看来，这是一种积极性格的表现。不过，要是给自己设定永远无法达到的标准，事事都追求"尽善尽美、毫无瑕疵"，那无疑会给自己造成极大的心理压力。

23 岁的杨冰是一名舞蹈演员，舞姿出众，深受观众的欢迎。可她对自己却很不满意，总觉得这个动作做得不协调，那个动作做得不到位，总是达不到她心中"一流舞者"的水准。

杨冰会对自己提出这么高的要求，与父母对她的教育有很大的关系。小时候，她聪明可爱，喜欢唱歌跳舞，父母认为她有不错的舞蹈天赋，就将她送到培训机构学习。上完舞蹈课后，父母还会要求她在家中反复练习，如果发现她的动作不够标准，就会让她立刻纠正，直至动作做到标准后才能休息。

就这样，在父母的苦心栽培下，杨冰的舞蹈水平不断提升，她顺利考

入舞蹈学院。由于专业成绩优秀，她一毕业就被一家知名艺术团录取了。

进入艺术团后,杨冰发现自己身边都是优秀的舞蹈人才,竞争非常激烈。她不想落后于人，便废寝忘食地练起了技术，还向一些高难度动作发起了挑战。可越是拼命练习，她就越觉得自己的动作不够“完美”，心中不禁十分着急。有时，她还觉得周围的人都在用异样的眼光盯着自己，这让她更加紧张、烦躁。由于注意力无法集中，练习时出错的次数明显增多。

之前，领导曾口头邀请她担任领舞，可看到她的表现后，就没有再提起这个话题了。杨冰有了沮丧和失落的情绪，具体表现为每天闷闷不乐，食欲明显减退，晚上入睡困难，常常做噩梦……

让杨冰背负沉重压力的根源就是过度的“完美主义”，她对自己提出了高要求，这在一定程度上是能够促使自己努力追求进步的，但凡事过犹不及，一旦这种要求超出了自己的实际能力，就会从动力变为阻力，让她产生了很多负面情绪，心理压力也越来越大。

心理学家指出，在完美主义的背后，藏着“非好即坏、非黑即白”的极端认知。事物的结果在完美主义者看来只有成功和失败两种，因此一旦某件事情没有达到他们的要求或标准，就会让他们产生强烈的压力和挫败感。哪怕在整个过程中受益匪浅，他们也会视而不见。

与此同时，他们还会特别在意别人对自己的评价。他们希望自己时刻都能保持非常完美的状态，认为只有这样才能满足别人的期望，才能获得最好的评价。因此，他们不能接受自己出错，更不愿意在别人面前出错，

这无疑给自己增加了更多的心理压力。

那么，完美主义者应当如何克服极端认知、减轻心理压力呢？

◆ 看清自己的能力，找回自信

完美主义者总有自信心不足的问题，在做一件事情之前，他们不相信自己能够做到完美无缺，总是会有忐忑不安的感觉。因此，即使他们全力以赴地完成这件事情，也体会不到成功的快乐。因为他们总能从结果中发现很多遗憾，所以在别人眼中的成功却成了他们身上新的压力。

想要改变这种情况，完美主义者应当正确认识自己的能力。既要看到自己的缺点和不足，也要对自己的优点、长处有清晰的认知，如此才能明确自身的价值，改变习惯性贬低、否定自己的做法。

对于自身的缺点，完美主义者不要回避，要勇敢地面对。我们只有承认自己的不完美，才能知道从哪个方向努力，才能不断提升自我、完善自我。也只有认识到不足，我们才能更集中注意力在那些缺点上，然后不断地调整自己，改正缺点。在这个不断超越自我的过程中，我们也能体会到一种积极的情绪，可以有效地缓解压力。

◆ 给自己制定切合实际的目标

如果我们总是执着于完美无缺的目标，那一定会在行动的过程中尝到失败的痛苦，也会承受着巨大的心理压力。

因此，我们在给自己设计目标时，应以自己的实际能力为基准，降低目标的难度。同时，目标也要设计得清晰、具体，这样才容易执行。美国管理学家埃德温·洛克建议我们给自己制定“跳一跳、够得着”的目标，这种目标具有一定的难度，但又不会远远高出我们的实际能力，只要付出足够的努力，就可以达到目标。这样，我们不仅能够获得更多的满足感、自豪感，还可以有足够的信心去迎接更多更大的挑战。

◆ 从“关注结果”转为“关注过程”

完美主义者在做事时比较看重结果，一旦结果不如自己的预想，就会认为这是一种失败，并会因此陷入压力和负面情绪中。

为此，我们要有意识地改变“结果导向”。要学会从关注结果转为关注过程，就会发现自己在行动的过程中已经吸取了经验和教训、提升了技能、扩充了人脉资源……自己之前所做的一切并非毫无价值，相反，它已经成为我们的宝贵财富。那么，这些财富在以后的行动时就会发挥作用，可以帮助我们逐渐走向成功。

进行这样的思考能够减少焦虑、烦躁的情绪，可以让我们更专注于当下，也能极大地缓解压力。

3. 放弃“绝对化要求”，别成为“应该”的奴隶

容易受压力困扰的人常会有一种“应该”思维。他们对自己、对他人有一种绝对化的要求，总觉得自己或他人“本应该”如何，但现实常常会事与愿违，结果就会给自己增添不必要的心理压力，并会引发各种各样的负面情绪。

米华是某公司的新员工，刚入职的时候，同事们看她是一个柔弱、秀

气的小女生，对她都比较照顾。有同事带她参观公司，还有同事主动帮她领来办公用品，直属主管对她也很照顾，还叮嘱她遇到困难可以随时来找自己询问。

遇到这么多热情、友善的同事，米华觉得非常开心。她想:“我是个新人，性格又很讨人喜欢，大家对我好一点儿也是应该的。”

不过，公司里并不是所有人都那么好相处。在米华工位旁边的女同事刘姐就显得有些“冷漠”，她一直在忙着手头的事务，并没有和米华攀谈的打算。米华本想向她请教一些与工作流程有关的问题，但她却推说自己没有时间，让米华十分尴尬。

米华忍不住向其他同事抱怨，同事们却说刘姐的业务能力很强，让她多向刘姐学习。米华很不服气，暗暗决定要跟刘姐比拼一番，用突出的业绩来证明自己。但事实上，她毕竟是个缺乏经验的新人，在短时间内不可能超过刘姐。这让她感到十分沮丧，心理压力越来越大，甚至开始怀疑自己的能力……

在米华身上，就存在“绝对化要求”和“应该思维”的问题。她对他人提出了绝对化要求，认为大家都应当照顾自己，否则就是“冷漠”“没有人情味”。与此同时，她又对自己不断施压，认为自己应该超越他人，否则就是失败的、无用的。

显然，这种错误的认知不但会造成强烈的心理压力，也会引发负面情绪，还会影响个人的发展，可谓是害处多多。

那么，“绝对化要求”和“应该思维”是如何产生的呢？

心理学家认为，人们对自己和他人会有各种各样的愿望。有的人能够分清愿望与现实，当现实状况与愿望不一致的时候，他们能够坦然接受，不会产生强烈的失落感。而像米华这样的人，他们将愿望当成了“应该”实现的事情，不顾主观因素和客观因素的限制，一味强求事情按照自己所期望的方向发展。一旦愿望落空，他们就会觉得难以忍受。

在现实生活中，类似这样的例子还有很多。比如，一位大学毕业生认为自己非常有才华，理应得到用人单位的认可，并获得一份薪水高、待遇好的“体面”工作。于是，他将求职目标定为一些知名大企业，结果却因不具备相应条件而遭到拒绝。他没有思考其中的原因，而是整日抱怨命运不公，整个人变得越来越悲观、消沉。

再有，那些为孩子的教育付出大量时间和精力的家长，总认为自己的孩子理应成长为他们期望中优秀的样子。但事实上，孩子的表现却并不理想，不但学习成绩不佳，还经常闯祸。此时，家长本应反思自己的教育方法出了什么问题，但他们并没有这样做，反而将所有问题都归结为孩子“不争气”，对孩子不是打骂就是训斥，使得孩子变得越来越叛逆。

这些被“应该”思维困扰的人都需要重新认识自己的“愿望”，要敢于承认理想与现实是有差距的，并要试着接受这种差距。另外，有“应该”思维的人也要放低对他人和对自己的要求。如果他人没有按照自己的意愿行事，或是自己没能实现设定好的某些目标，都不要过于失望、难过。而是要静下心来，仔细分析失败的原因，找到解决问题的方法。这样不仅能

逃离“应该”思维的控制，还可以让自己离目标越来越近。

4. 走出“反事实思维”，不为已发生的事情懊悔

在人生的道路上，我们经常要做出各种选择，也要承受由此造成的结果。如果结果不尽如人意，我们就会产生懊悔情绪。

偶尔的懊悔并不会影响正常的生活，我们可能只是感慨、叹息一番，就会将注意力转移到眼前要面对的实际问题上。可如果持续不断地为某个错误选择感到懊悔，就会给我们造成严重的心理压力，并会让我们情绪低落、精神不振，甚至失去生活的乐趣。

赵兵之前在国企上班，工作稳定轻松，基本不会加班，福利待遇也很完善，只有一点让他觉得不满意，那就是工资太低，让他觉得很没有面子。

2023 年年初，赵兵萌生了跳槽的想法，并开始在网上投简历，很快就收到了一家私企的录用信。这家私企在业内有一些名气，薪资水平更是让赵兵心动不已。他考虑一番后，终于还是向领导递交了辞职申请。赵兵平时工作能力不差，领导出于爱才之心，几番谈话挽留，却还是没能留住他。

2023 年 4 月，赵兵正式入职新公司。他摩拳擦掌，准备在这里大显身手，谁知还不到一个月，他的想法就发生了改变，甚至开始怀疑自己的决定是否正确。

在这家新公司，他体会到了以前从没有过的工作压力。每天从一上班开始，他就要保持高度紧张，要准备好随时应对各种情况。有时因为过于

忙碌，他连午休的时间都没有，下午工作时总觉得精力有些跟不上，但又不能离开工位去休息。

最让他不能接受的是，在公司辛苦了一整天，好不容易回到家，微信里却不时跳出一些工作信息，而上级、同事都对此习以为常，从没觉得深夜发消息是一种打搅他人的行为。

熬过了第一个月后，赵兵看到工资卡上的数字确实比以前多了不少，可他却怎么都高兴不起来。他现在几乎每时每刻都在懊悔，脑海中不停地盘旋着这样的想法："我真不该为了多拿一些工资就跳槽。"

他无心应对新工作，每次勉强自己坐下来打开电脑，就会不由自主地想起以前轻松、愉快的工作画面，越想就越是难过、后悔。

在这种糟糕的心理状态下，他吃不好饭、睡不好觉，每天上班都很不开心，自我感觉痛苦极了。他也想改变这种情况，不让自己再去懊悔，却怎么都控制不住自己的情绪……

案例中的赵兵对于自己过去的选择非常懊悔，引发了严重的负面情绪和心理压力，还逐渐影响到了正常的工作和生活，如果再不及时调整，可能会引发更加严重的后果。

心理学家卡尼曼等人认为，懊悔的产生，与一种"反事实思维"有关。所谓"反事实"，顾名思义，就是与现实情境完全相反的，只出现在人们想象中的完美情况。

在生活中遇到各种不如意的事情时，人们不会就事论事、合理地评价

这件事情出现的原因，而是把它与“反事实”做比较，想象自己如果回到过去，做出了不同的选择，就能够改变当前的现状，达到所谓的完美结局。这种“反事实思维”很容易让自己产生强烈的心理落差，并会引发心理压力和懊悔情绪。

可事实上，“反事实”并非等同于真正的现实，即便我们确实做了另外的选择，也不一定就能够获得理想的结果。心理学家里昂·萨尔茨对此进行过研究，还得出了这样的结论：个体的决策并不像自己想象的那么自由，它往往要经过一整套的价值排序、风险规避机制才能形成最后的决定。

也就是说，我们做出的每一个选择在当时的环境中已经算是“最优解”，即便真的让时光倒流，回到那个至关重要的时刻，在当时当地的条件制约下，我们最终还是会做出同样的选择。

由此可见，执着于已经发生过的事情，为某一个选择懊悔不已，其实是没有意义的。那么，在内心懊悔、难过、压力极大的时候，我们应当如何进行自我调节呢？

◆ 设想另一种选择带来的不良影响

为了摆脱“反事实思维”，我们不妨主动出击，去设想一下如果自己真的做出了另一种选择，会引发哪些不良影响。比如，案例中的赵兵就可以设想如果自己没有跳槽，留在原公司，虽然工作稳定，却看不到自我提升的可能，薪资水平也一直是那么低，无法改善个人和家庭的生活质量。

进行这样的设想，能够让我们发现“反事实”的荒谬之处，我们也不会再执着于虚拟的美好生活，而对现状产生过多不满。

◆ 将懊悔转化为深刻反思

西方有句谚语叫“别为打翻的牛奶哭泣”，我们不妨用它来提醒自己：既然事情已经发生，结果无法改变，那就不必再为之懊悔不已。

面对懊悔，我们还可以试着换个想法，反思自己到底在哪里出了错：是信息收集不足，还是思考的时间不够，还是没能全面分析自己的处境……

进行这样的反思，不仅可以帮我们将懊悔转变为一种积极的心理势能，也能够改变我们的消极心态，还能够提升我们的分析能力和决策能力。

◆ 在现有结果中寻找积极意义

在深刻反思的同时，我们也可以从客观的角度分析自己目前的处境。其实事物都有两面性，我们只看到了目前的实际情况不尽如人意，但或许在挑战中正潜藏着机遇，如果能够找出并把握好这种机遇，改变现状也不是不可能的事情。

比如，案例中的赵兵就可以进行这样的思考：新工作虽然十分忙碌，让我很有压力，却也给我提供了难得的锻炼机会。相信经过一段时间的努力，我的执行能力、决策能力会得到很大提升，以后就算离开了这家公司，我也有底气找到更好的工作。

我们不妨多做这样的思考。它能够唤起积极情绪，不仅能将紧张和压力转化为兴奋和斗志，还会让我们振作起来，彻底摆脱懊悔的阴影。

5. 拒绝“负面标签”，别被他人的贬低束缚认知

在心理学上，有一条“标签效应”，说的是人们被贴上某种“标签”后，

就会受到标签内容的影响，会不知不觉地让自己的想法、行为与“标签”靠拢。

比如被贴上积极正面的“标签”后，人们会不知不觉地用一些良好的行为证明自己与“标签”是相称的；相反，若是被贴上了负面“标签”，人们就会受到“标签”内容的束缚，会变得缺乏自信、态度消极，内心也会充满压力和负面情绪。

25岁的子涛一直认为自己是个“没出息”的人。小时候，他身体不太好，看上去比同龄的小朋友瘦小很多，被人欺负也不敢还手，经常带着一身脏污，哭着回家。

他父母脾气不好，也缺乏耐心，看到孩子受了委屈，不但没有安慰，反而对他破口大骂，说他“没出息”，是个“窝囊废”。被父母骂了几次后，子涛不再回家诉苦，无论被人怎么欺负，心里怎么害怕、气愤，他都会把这件事默默地藏在心底。

上学后，子涛的成绩一直不太理想，父母也没少教训过他，每次训斥时还是会用到那句“你真没出息”。慢慢地，子涛也觉得自己确实很没用，各方面都比不上别人。在这种情况下，子涛很少会去结交朋友，也不太爱参加集体活动，平时总是独来独往，看上去有些孤僻。

现在，子涛已经长大成人，也参加了工作，却还是没有学会如何与人打交道。平时除了必要的沟通，他基本上不会和同事交流。工作出现了问题，上级点名批评他，他也只会用沉默来应对，让上级无计可施。

上级生气地说他“油盐不进”“没有荣誉感”。可实际上，他的心里也是非常沮丧、难过的，还一直都在责怪自己：“我太没出息了，连这么简单的工作都做不好……”

子涛从小就被父母贴上了“没出息”的负面“标签”。这种“标签”影响了他的认知，限制了他的发展，也给他造成了严重的心理压力和负面情绪。

心理学家将发生在子涛身上的这种情况称为“标签内化”。它会让一个人甘心接受负面“标签”的束缚，也会让人在不知不觉中失去真实的自我。这种情况在孩童时期是最明显的，因为儿童的认知能力和判断能力都还非常有限，父母、老师和其他长辈的话语在他们看来又是具有权威性的，所以被长辈们贴上负面“标签”后，他们很有可能信以为真。日后遇到困难和挫折时，他们也会很自然地用负面“标签”来解释原因，使得“标签”的影响更加根深蒂固。

在成长过程中，如果我们不幸被贴上了各种带有贬义的“标签”，我们该如何避免“标签内化”呢？

◆ 及时发现身上的“负面标签”

我们首先要对自己有足够的认知，清楚自己的特点，相信自己的能力，才能发现一些“标签”是不合理的。比如，案例中的子涛就应该充分了解自身的优势，再发挥这种优势做一些具体的事情，从而能够打破“没出息”这个负面“标签”，让自己变得自信、积极起来，心理压力也会有所减轻。

◆ 拒绝不公正的“贴标签”行为

有的时候我们被贴上负面“标签”，并不代表我们做得不好，而是对

方的一些看法存在问题。比如，他们衡量人和事的标准过于严苛，看问题的角度过于狭隘，都会让他们无法对人做出合理的评判。

另外，心理学家还指出，人们在评价别人时，常常会情不自禁地将自己的不良情绪投射到别人身上，这些评价显然也是不公正的。所以对于这些负面标签，我们应当坚决拒绝，并可以果断地做出回应，以表明自己的态度。

比如，我们可以用严肃而认真的语气告诉对方“我并不是你说的这种人”，或者“你对我的看法是不公正的”，以制止对方对我们进行进一步的贬低。

◆ 用积极的“标签”进行自我激励

如果别人故意给我们贴上一些负面“标签”，我们也不必耿耿于怀，更不要让自己被“标签”内容影响而忧愁、烦闷、自怨自艾。

我们可以有意识地给自己贴上积极“标签”，以抵消负面“标签”的影响。比如，在公司里，我们可以给自己贴上“办事认真”的“标签”，让自己更加谨慎地对待工作，避免出现错漏；在人际交往中，我们也可以给自己贴上“为人热情”的“标签”，然后更加主动地与他人交流，或是积极地参加一些集体活动。

积极的“标签”会成为一种良好的心理暗示，推动我们不断走向进步。

6. 升级认知，从固定型思维转向成长型思维

在面对强大的挫折和压力时，拥有成长型思维能够提升我们的韧性，让我们不会被压力情境轻易打倒。

这种成长型思维与固定型思维完全相反，后者会让我们用固定不变的眼

光看待自己和他人，认为自己的能力是天生的，后天无法改变，所以在压力情境袭来时，我们也会习惯性地说“我不行”，然后选择放弃努力、逃避挑战；固定型思维会让我们听不进去别人的批评，还不能接受别人比自己成功。在这种情况下，人生轨迹会不断下滑，看不到进步和提升的可能。

但如果具备了成长型思维，情况就会完全不同。我们会认为自己一直都在进步、成长，而挫折只是成长路上必然要面对的一次次挑战。只有挑战有难度，自己的能力才能得到更好的锻炼，也才能够取得更大的成长空间。所以，我们不会害怕挫折，会认真分析受挫的原因，然后改进方式方法，依靠努力摆脱困境；对于他人善意的批评，我们也会认真听取，并会接受良好的建议完善自身；我们也能客观地看待他人的成功，不会因此产生心理压力和嫉妒情绪，而是会积极地学习他人的经验，帮助自己更好地成长。

美国斯坦福大学行为心理学教授卡罗尔·德韦克曾经做过一项实验，很好地证明了成长型思维的价值。

在实验中，德韦克将一些学龄期的孩子分成A、B两组，请他们尝试完成一些非常简单的拼图游戏。

这些孩子智力正常，在拼图时都表现得非常轻松，能够完成大部分任务。德韦克让助手给予孩子们及时的夸奖，但A组的孩子听到的是“你真聪明”这样的话语，而B组的孩子听到的是“你非常努力”。

随后，德韦克向孩子们出示了难度不同的拼图游戏，让他们自由选择。A组的孩子大多选择了简单的拼图，B组的孩子有90%选择了更有挑战性

的任务。

在下一个阶段，德韦克给所有孩子提供了难度很大的拼图。A组的孩子表现得非常紧张，他们坐立不安，想要尽快结束这个“游戏”。在规定时间内，他们无一例外都遭遇了失败，表现得非常沮丧，还认为失败的原因是“我不够聪明”。B组的孩子却一直非常投入，采用了各种办法来解决问题，虽然也没能取得成功，但他们认为原因是“我不够努力”。

最后，德韦克又让孩子们重新做最初的那种简单拼图游戏，没想到A组的孩子竟然出现了明显的退步，完成率减少了约20%；而B组的孩子却有较大进步，完成率提升了约30%。

在这个实验中，在取得成功后被夸“聪明”的孩子，容易形成固定型思维。为了让自己一直“保持聪明”，他们会刻意选择难度较低的任务，害怕迎接新的挑战，也不能接受挫折带来的压力。而那些被夸奖“努力”的孩子却容易形成成长型思维，他们愿意通过自己的努力解决问题，即使遭遇失败，也能够坚持下去，表现出更强的抗挫力和抗压力。

那么，固定型思维还有可能转变为成长型思维吗？答案是肯定的。德韦克就给出了塑造成长型思维的几条建议。

◆ 觉察固定型思维

我们要及时觉察自己的固定型思维模式，以免受到它的影响，变得心态消极，无法很好地应对压力。为此，我们可以经常询问自己一些问题，以觉察固定型思维的存在。比如，可以问一问自己：“我的能力是恒定不变的，还是会不断发展的？”“我目前遇到的困境依靠努力能够解决吗？”“别人给我的批评都是没有意义的吗？”“我怎么看待别人的成功，是把它当成一种威胁还是促使自己进步的动力？”

上述这些问题的答案能够大致区分固定型思维和成长型思维，我们不妨经常进行这样的“测试”，以提醒自己不要故步自封，而是要积极促进自我成长。

◆ 自我警示

在察觉到固定型思维的存在后，我们可以设想一些具体的情境，让自己意识到这类思维会带来怎样的不良后果。

比如，在学习上逃避难题会让自己无法彻底掌握知识；在工作上畏惧挑战会让自己错失晋升的机会；在人际交往中逃避退缩，会让自己无法建立良好的人际关系，在压力袭来时，也得不到他人的支持和理解……只有意识到了后果，我们才会从内心深处引起重视，并想要进行改变。

◆ 持续改变

对固定型思维的改变不是一朝一夕就能做到的，我们需要做好充足的心理准备，坚持自我调整、反复训练，最好能够列出自己的“思维进化清单”，做出具体的计划并持续行动。

比如，某项工作没有做好，遭到了上级的批评，我们可以先主动反思原因，再寻找应对策略，然后将其写入计划中，督促自己去执行。像这样坚持不懈地努力付出，一定能够出现让自己惊喜的改变。

第四章
提振信心，用“自我效能感”帮自己减压

1. 消减超额压力，建立“压力—自尊”循环

自尊，就是我们经常说的“自尊心”“自尊感”。它是个体基于自我评价产生和形成的情感体验。

心理学家认为，压力与自尊是相辅相成的关系。低自尊会导致压力频繁产生，而较大压力又会降低自尊水平，由此便会构成一种“压力—自尊”循环。

佳琪是家中最小的孩子，她的两个姐姐都非常优秀，都考上了国内名牌大学，毕业后也找到了好工作。

与姐姐相比，佳琪的表现逊色许多。她的学习成绩只能算是中等水平，因此父母经常以姐姐为榜样“敲打”她，让她不要这么“不争气”。久而久之，佳琪也就认为自己真的很差劲，很“不争气”。

在学校里，佳琪也表现得很不自信，很少会主动交朋友，因此她的朋友圈子一直很小。当遇到需要帮助的时候也没有人会主动帮助她，更别提有支持她的人了。这让她非常难过，她认为自己就是人群中的“异类”。

成年后，她与人相处也存在不少问题。比如，当身边出现能力强、性格强势的人时，她就会感觉很不自在，想要从这种人身边逃开。她无法顺利地融入集体中去，总是认为别人不会喜欢自己……

父母有意无意的贬低，给佳琪造成了严重的心理压力。这让她对自己做出过低的评价，导致她的自尊水平一再降低。

低自尊会造成很多不良影响。首先，低自尊会让我们变得“脆弱”，难以应对各种压力情境。哪怕是遇到一个小困难、小挫折，我们都很难从低落的情绪中走出来。我们会不断地责怪自己、攻击自己，会变得畏缩不前，不敢再进行新的尝试，害怕又会失败。

低自尊还会削弱我们的意志力。在无法坚持好习惯、改变坏习惯的时候，我们不会反思如何提升意志力和自控力，而是会把问题归咎于自己的性格缺陷，继而得出“一切无法更改”的结论。这也就导致了状况一再恶化，自尊水平也会随之进一步降低。反之，压力水平却在不断提升。

低自尊也会让我们失去很多向外界求助，以减轻心理压力的机会。因为在与人相处时，低自尊会让我们表现得很不自信，所以不敢积极地与他人建立情感联系。因此，当他人给予我们正面评价时，我们都会产生怀疑，有的人甚至还会觉得有压力。在这种自我封闭的状态下，我们很难对他人

推心置腹，倾诉自己的心声，自然也就少了很多宣泄压力的渠道。

更糟糕的是，低自尊还会让我们出现“不懂拒绝”的问题。我们不敢拒绝不合理的要求，不敢脱离让自己不快乐的友谊，无形中也会给自己增添额外的压力。

由此可见，想要从重重压力中突围，我们应当重视低自尊问题。要积极地重建自尊，这样才能打破“自尊—压力”循环。

◆ 停止过度的自我批判

在遇到挫折和失败的时候，我们不需要立刻在内心展开自我批判，更不需要为自己贴上“失败者”“无能的人”之类的标签。

我们也不要在脑海中反复回想那些让自己痛苦的画面，而要让注意力转向“为什么”“怎么办”这两个词语。“为什么”能够让我们思考失败的真正原因，其中不仅有主观因素，还会有很多复杂的客观因素。因此，一味地埋怨自己、批判自己是不公平的。至于“怎么办”则会让我们开始考虑解决对策，使我们的目光转向更长远的方向，而不是只局限于眼前的这一次失败。这样的调整有助于我们减少心理压力，提升信心，增加对未来的希望，更有助于我们走出低自尊的状态。

◆ 提升对赞扬的容忍度

我们要学会从客观的角度评价自己的能力和价值。事实上，任何一个人都会有自己的闪光点，我们要对自己有信心，找出身上的每一个闪光点，用自我肯定帮助自己提升自尊。

与此同时，我们也要学会接纳他人给予的肯定和赞美。在听到别人的夸奖时，我们不要觉得不好意思，也不要去揣测对方这么说的“动机”，只要愉快地接受夸奖，再大方地说一声“谢谢”就可以了。这样做不但有助于提升自尊、减轻压力，还能让人际关系变得更加和谐、融洽。

◆ 重塑积极的自我意象

自我意象也叫“心象”，是我们在内心深处为自己描绘的精神蓝图，是在自我意识的基础上形成的。低自尊的人在描绘自我意象时使用最多的是一些消极词语，这会让人陷入自我否定、自卑、压抑中。因此，我们要树立坚定的信心，敢于打破消极的自我意象，塑造积极的自我意象，进而能够改善情绪、提升自信、缓解压力。

一名心理学家就曾进行过这样的实验：他找来一些认为自己是“差生”的孩子，对他们进行引导，请他们重新描绘自我意象，将“我学不好这门课”“我非常愚笨”等消极的自我意象转变为“我很努力，一定能够学好”之类的积极意象。最后的结果让人意想不到，有一位一门功课 4 次不及格的学生这次竟然考到了 84 分，还有一位认为自己“不会写作”的学生竟然获得了校园文学奖。

造成这些变化的根本原因便是自我意象发生了扭转。这也说明在积极的自我意象影响下，我们能够发挥主观能动性，让自己逐渐走向成功。

◆ 锻炼自我意志力

我们还可以通过提升意志力来加强“个人力量”，重建自尊。比如，我们可以给自己制定一些类似“每天坚持锻炼 15 分钟”这种简单易执行的小目标，然后严格执行，以逐步提升意志力。在坚持一段时间后，我们

还可以给自己适当“加码”，提升目标的难度。如此，意志力会得到进一步的增强，与此同时，自我价值感也会随之上升。

需要提醒的是，在重建自尊的时候，我们要注意避免矫枉过正的问题。因为自尊水平并不是越高越好，自尊心过高的人往往非常敏感，不能接受他人对自己的任何批评。哪怕对方的看法是合理的，他们也会有一种被冒犯的感觉，并会为此气愤不已。并且，他们也容易变得偏激、狂妄。他们不承认自己有任何缺点，也无法相信自己的行为会造成不良后果。一旦出现失误，他们要么会极度失落、沮丧，要么会把责任推卸给他人，这些倾向会让他们在工作、生活、人际关系中碰壁。

因此，我们对自己的自我评价要符合实际，不可过低或过高。如此，才能让我们的自尊保持在比较适当的水平，同时能减少压力对自己的困扰。

2. 摆脱“习得性无助”设下的陷阱

在工作、学习中遭遇挫折后，你会不会感觉压力很大，脑海中会不会不由自主地产生这样的想法：“既然我做什么都无法改变现状，不如就接受现实，别再白白浪费力气了。”

这种心理状态就是“习得性无助”。它是由美国心理学家马丁·塞利格曼提出的。

塞利格曼曾经做过这样一组实验：他将一条狗关进装有电击设备的笼子里，又准备了一个随时作响的蜂鸣器。只要蜂鸣器一响，狗就会受到电击。

最初，狗感受到电击的痛苦，会拼命地挣扎，想要逃离笼子。但经过多次尝试后，它发现自己是在白费力气——无论怎么做都无法摆脱电击。于是，它放弃了挣扎，趴在地上颤抖、哀嚎着，无助地等待着下一次痛苦的袭来。接着，塞利格曼又将这只狗转移到了另一只笼子里。新笼子分为两半，用低矮的挡板隔开，狗所在的这一半有电击设备，另一半则没有。狗只要跳过挡板，就会来到“安全地带”，不会再遭到电击。可惜，这只狗连试都没试，就那么绝望地趴在原地了……

塞利格曼还对小鼠和人类进行过相关实验，也发现了类似的现象。他据此提出了“习得性无助”这个名词，指的是在遭遇重复的失败或惩罚后，会逐渐形成一种对现实的无望和无可奈何的行为、心理状态。

在现实生活中，“习得性无助”的例子比比皆是。比如，一个学生连续几次考试的成绩都很不理想，又同时遭到老师、家长的责备，他就会认为自己是非常愚笨的，是不可能改变成绩落后的现状的。此后，只要在学习上遇到困难，“习得性无助”就会快速发作。他会立刻放弃努力，导致学习成绩一再下滑，心理压力也与日俱增。

再如，一名上班族努力工作了一段时间，却没能实现升职加薪的目标，他就会慢慢产生“无能为力”的想法。他对自己施加了很多压力，认为之所以会出现这种糟糕的局面，都是因为自己“无能”且“不可救药”。之后，他用敷衍的态度对待工作，对自身存在的缺点也不思改进。

这些“习得性无助者”有一个共同的特点，就是不会对挫折和失败进行正确的“归因”。他们习惯将所有问题归结为自己能力不够。可事实上，这种内部归因并不全面。

按照美国心理学家韦纳的说法，我们在归因时至少要考虑六种因素，即个人的能力高低、努力程度、任务难易、运气好坏、身心状态和其他一些因素（如是否获得过别人的帮助，是否遭到了不公平的评价等）。这六种因素还可以进一步归入以下三个维度。

① 按照成败因素的来源，可以分为“内部归因”和“外部归因”。

② 按照成败因素会不会随着环境改变而改变，可以分为“稳定性归因”和“不稳定性归因”。

③ 按照成败因素能否由个人意志决定，可以分为“可控归因”和“不可控归因”。

比如，个人能力属于内部归因，也是稳定、不可控归因；而努力程度属于内部归因，也是不稳定、可控归因；至于任务难度则是外部归因，也是稳定、不可控归因……

也就是说，在六种因素中只有努力程度是可控因素，其他因素都是不以个人意志为转移的。这也提醒我们，要尽量少做外部的、不可控的归因，比如我们把考试失利、工作受挫归因为自身能力不足，而能力又是一种不可控因素，我们就会自然而然地产生压力感和无助感，更有可能引发“习得性无助”，觉得自己做什么事情都是没有意义的。

再如，一些人习惯将问题归因于“运气”，可运气之说虚无缥缈，还属于不稳定的外部因素，过于依赖运气会让人变得盲目、消极、被动，所以我们也不应进行这样的归因。

我们应当多做内部、可控归因，即将问题归结为“努力程度”，比如之所以获得成功是因为付出了足够的努力，之所以遭到失败是因为努力的程度不够等，只有这样才能为自己带来积极的情感体验，才能够化压力为动力，激励自己不断向前迈进。

与此同时，我们还要学会用发展的眼光看待自身和外部世界，要意识到自己的能力在未来是可以提升的，各种外部因素也是可以改变的。所以，一时的失败并不代表永远失败，只要不放弃希望，未来就有成功的可能。

3. 启动“飞轮效应”，破除畏难心理

人们常说“万事开头难”，的确，不管做什么事情，最初想要打开局面都是很不容易的，也会让我们感受到较大的压力。可如果事情步入了正轨，我们就会感觉越来越轻松。

这种情况可以用心理学上的“飞轮效应”来解释。心理学家曾用一个飞轮（一种具有转动惯性的盘形零件）来举例：飞轮本来处于静止状态，如果我们想要让它转动起来，就必须对它施加很大的作用力。不过，随着转速的逐渐提升，飞轮的动能也在增加，还会把这些能量储存起来。之后即使我们不再对它施加动力，这些能量也会被释放出来，会在惯性的作用下，继续推动飞轮运转。

心理学家以此提醒我们，在进入陌生的环境或是面对全新的领域、任务时，我们付出了较大的努力，克服压力引发的各种问题，让自己的“飞轮”转动起来。之后只要我们坚持不懈，终有一天，也能让“飞轮”走上平稳运转的“快车道”，我们也会变得更加自信，压力也会大大减轻。

楚南在一家互联网企业做软件开发工作，因为工作表现出色，职位一再提升。大学同学听说了他的发展情况后，都觉得十分惊讶，因为他上大学时学的并不是相关专业，而且成绩也不太好，还曾经为就业问题深深苦恼过。

在最迷茫的时候，楚南产生了学习编程的想法，还为自己报了一个培训班。可是在真正接触编程后，他才意识到这方面的知识非常复杂，很难快速上手。当时和他一起报名的同学上过几节课后，就因为各种各样的原因放弃了。楚南也觉得压力很大，却一直咬着牙坚持，没有错过一堂课。回到家后，他还会认真整理笔记，把学到的知识条理化、系统化。

慢慢地，楚南对编程产生了一些兴趣。他不再满足于上课的那点儿时间，还会寻找一切机会进行练习，有不懂的地方就去查看专业书籍，或是在网络上寻找资料学习，光是网上的编程视频他都不知看过了多少，也从中学到了很多解决实际问题的好办法。

经过几个月的学习后，楚南觉得自己可以试着做做项目，检验一下学习成果。于是他报名参加了一个创意编程比赛，先是自己构思，之后又将学到的知识融入项目中……最终，他做出的成果获得了三等奖，这让他非常兴奋，也坚定了在编程这条道路上奋斗的信心。

随着技术的不断提升，他也收到了很多大公司发来的录用信。他目前所在的企业就是其中之一。入职后，他凭借卓越的实力，很快得到了企业领导和同事们的认可，也为自己打开了一片新的天地……

同样是面对“编程难学”的压力，楚南用努力熬过了最初的艰难阶段，启动了“飞轮效应”，为自己打开了良好的局面；可他的几位同学却没能做到这一点，在强大的压力之下，他们产生了沮丧情绪、畏惧心理，打了“退堂鼓”，导致要做的事情半途而废。这种情况是我们都不愿意看到的，但是在生活中却会屡屡发生。

想要解决这样的问题，我们应当破除自己的畏难心理。特别是在启动“飞轮”的那段压力最大的时刻，我们要避免在意识中夸大和强调困难，也不能采取退缩、躲避的做法，而是应当积极主动地发现问题、解决问题。具体来看，“飞轮效应”提醒我们在做事时应当考虑好以下几点。

◆ 考虑到困难的存在

有的人往往是一时心血来潮决定做某事，或者是只看到了这件事能够给自己带来哪些收益，却没有考虑到可能会遇到的困难。而且这类人普遍有“心理预期”过高的问题，他们会高估自己的处事能力，也会高估事情推进的顺利程度，所以一旦遇到困难，他们就会有措手不及的感觉，会认为困难是不可战胜的，也会因此感觉沮丧、无助，所以他们很难坚持到“飞轮”能够自动运转的那个临界点。

这也提醒我们在做事时要适度调低自己的心理预期，并要把可能遇到的问题考虑全面，这样在真的遇到困难时才不会立刻产生逃避心理。

◆ 考虑到自身的能力

我们还要客观地分析这件事的难度，看一看自己的能力是否可以与

之匹配。如果自身能力达到了要求，我们就要树立起自信心，要勇敢地推动“飞轮”。

但若是自身能力尚有不足，我们也不要急于打“退堂鼓”，而应该寻求他人的帮助。比如，对自己不了解、不熟悉的事情，我们可以向该领域的前辈、高手虚心求教，通过他们的指点找到正确的做事方向；再如，对于工作上非常复杂、牵涉环节较多的任务，我们可以依靠团队的力量攻克难关，切勿闭门造车，那只会让问题变得更加难以克服，自己的心理压力也会变得更大。

◆ 考虑好“应急预案”

针对可能出现的困难，我们还需要事前做好充分的应急预案。为此，我们需要提前预估困难的性质、形成的原因，以便采取措施对症下药。

拥有应急预案后，我们在遇到困难时，能够迅速做出分析和判断，果断决策，可以采取有力措施，实现风险最小化和利益最大化。在这种情况下，我们也能够处变不惊，不但可以更好地处理问题，还能对周围的人产生正面和积极的影响。

最后，任务一旦开始启动，我们就要坚持下去，决不能浅尝辄止，否则就无法让“飞轮”顺利地运转起来。所以，我们一定要鼓励自己不放弃、不动摇，一旦度过了艰难的起步期，进入平稳期，成功的曙光就会展现在眼前。

4. 选择“得意领域”，发挥自我优势

你知道自己的优势是什么吗？很多人并不清楚这一点，他们选择的领

域恰好是自己不擅长的，无法充分发挥优势，这让他们感到很有压力，还会对自己的能力产生怀疑。

相反，若从事的是自己的“得意领域”，他们就会有一种如鱼得水的感觉，自我效能感会不断增强，心理压力也会大大减轻。

陶乐毕业已有两年。在这两年时间里，她已经换过好几份工作。最初，她在一家国企担任行政内勤，因为不喜欢过于安逸的工作环境，便选择转行做销售工作。但很快她又发现自己并没有销售方面的才能，很难打开局面。

现在，她在一家电商公司担任运营，可几个月过去了，她还是没有适应这份新工作，总觉得这不是自己理想的职业。每天一闲下来，她就会觉得十分迷茫、焦虑，不知道自己到底适合做什么，也不敢想自己还能在这个岗位上坚持几天。

她把自己的感受告诉了一位好友。好友耐心地听完了她的诉说，给她提了一个建议，让她将自己“最擅长”和“最喜欢”的事情以及“不擅长”和“不喜欢”的事情分别列出来。她照着去做了，才发现自己之前选择的几份工作恰好在自己不擅长也不喜欢的领域，难怪她会觉得如此痛苦。

也是通过这样的梳理，她发现自己有较强的写作能力和审美能力，平时也有很多不错的创意，于是她决定转行去做广告文案，相信这次一定会有不一样的收获。

陶乐对自身的优势和劣势没有清晰的认知，在规划个人发展时处于盲目

状态，导致自己在不适合的领域浪费了很多时间，也产生了很大的心理压力。

好在她接受了朋友的建议，及时对自己的优势、劣势进行了梳理，发现了自己的“得意领域”，由此出发做出了正确的决策，也为自己赢得了重要的机遇。

当我们像陶乐一样，陷入了迷茫状态，感觉压力很大的时候，也可以做一做这种自我优势分析，这会让我们对自己有更加清晰的、明确的认识，也能让我们拥有更好的发展前景，并会变得更加积极、乐观、自信。

在进行自我优势分析时，我们可以参考美国组织心理学家塔莎·欧里希的建议，按照以下步骤进行。

◆ 认识自我价值观

我们对人、事、物的意义和重要性的评价，以及对自我行为产生的效果和作用的认知，构成了独属于自己的价值观体系，而它会悄悄地影响我们的选择和行为模式。比如，我们更在乎眼前的收益还是未来的发展潜力，这就体现出了两种不同的价值观。

如果我们想要突破自我，达到更高的层次，就应当改变或升级狭隘的价值观，才能更好地解决自己面临的各种问题。

◆ 分析自己的兴趣和优势

我们可以分析自己具备的技能、知识水平，并可以进行评分，以便定位自己的优势。比如，已经完美掌握了某种技能，可以给予满分 10 分；如果是“熟练掌握”，可以给予 6~8 分；至于没有掌握的技能则是 0 分。在打分时，我们的态度要尽量客观，避免因自信心不足对自身能力产生偏见。

另外，我们还可以找一找自己的“兴趣点”。对于自己真正感兴趣的事情，我们总是愿意为之付出更多的时间和精力，而且不容易感到疲倦、烦闷，因而更容易做出成果。所以，从兴趣出发，能让我们将优势发挥得更加彻底。

◆ 分析自己的需求

马斯洛的需求层次理论告诉我们，在基本的生理需求之上，我们还有更高的需求和目标，包括安全需要、爱与归属的需要、尊重的需要和自我实现的需要。

那么在现阶段，我们最渴望满足的是哪一种需要呢？我们需要静下心来思考这个问题的答案，它能够告诉我们此刻自己真正在乎的是什么。我们也可以据此重新整理短期、中期和长期目标，让自己能够不再浑浑噩噩地浪费生命，重新焕发出激情和活力。

◆ 分析自己对环境的适应性

一个人只有能够较好地适应环境，才能充分发挥自身的优势，所以我们可以主动寻找那些让自己感觉最快乐、最放松、工作或学习效率最高的环境，回避那些让自己感觉压抑、难受的环境，这样才更容易做出成绩。

◆ 分析自己的行为模式

每个人都会有一些固有的不良行为模式，比如，在工作中总是被动等待接受指令、按部就班地完成任务，却不会主动地去寻找问题再设法解决问题，这就是一种不良行为模式，会成为影响个人发展的劣势。同样，在学习、生活、人际交往等诸多方面，我们也会有这样或那样的不良行为模式，

需要客观地进行分析，以锁定问题，予以改善。

◆ 分析自己的压力反应

在某些压力源的影响下，我们会做出什么样的反应呢？比如，听到他人的批评后，我们是会理性思考，接受对方的合理意见，还是会觉得自己受到了羞辱，并会因此产生愤怒、焦虑等负面情绪？对于这些压力反应，我们一定要给予足够的重视，要积极调整不合理的反应，才不会影响优势的发挥。

◆ 分析自己的影响力

我们可以从他人对自己的态度来分析自身的影响力，并可以控制好这种影响力，帮助自己在组织中收获更多的认可，树立良好的口碑，这样就能在自己擅长的得意领域获得更多的话语权，也能够充分发挥自己的优势，达成自己的目标。

我们可以经常从上述这七个维度进行自我分析，以定位自身优势和擅长领域，从而不断提升自我效能感，减少心理压力。

5. 刻意练习你想具备的技能，重复自信循环

我们常常会因为自己某方面不如他人而自卑、沮丧，也会因为个人的发展现状不如预期而觉得压力很大。

其实，想要让自己成为行业精英，从人群中脱颖而出，摆脱“技不如人”的压力，有一个很好的自我提升方法，那就是“刻意练习”。

“刻意练习”是著名心理学家安德斯·艾利克森提出的概念。他告诉

我们即使是天赋寻常的人，也可以通过寻找适合自己的方法进行有目的的练习，让自己熟练掌握某项技能。

罗涛在上学的时候，一直为自己的写作能力而苦恼，他不太擅长遣词造句，最多能保证把作文写得比较通顺，但每次分数都不高。

大学毕业后，罗涛找到了一份不错的工作，但是他经常需要撰写一些文字材料，这让他觉得压力很大，生怕写作能力的欠缺会影响到上级对自己的评价。

为了提升写作能力，罗涛向一位前辈请教，还找来了他写的材料，认真阅读后，又对结构、语句进行了详细的分析。之后，他模仿前辈的写法，尝试写出了高质量的句子。

这种复述式的练习让他意识到了自己与前辈之间的差距：前辈掌握的写作素材非常丰富，在写作时各种成语、俗语、典故信手拈来，不但提升了文章的格调，还增强了可读性，而他在写作时却总有词汇贫乏、无话可说的感觉。

在做了这样的对比后，他找到了自己练习的目标——积累素材、熟练运用。他会把自己在文学作品、报纸杂志中看到的精彩语句、小故事等积累下来，然后再把这些语句改写成短诗、散文。这样的练习并不容易，但他每天坚持，感觉自己的“素材库”丰富了许多，对语句的运用也更加自如、纯熟。

与此同时，他写的材料也大有进步，不再是一些干巴巴的文字，上级

读过之后觉得非常惊喜，说要对他“刮目相看”，这让他觉得十分开心。

这个例子告诉我们，才能并不总是天生具备的。有时候，我们可以通过目的明确的刻意练习来掌握或提升某项技能。

但是在现实生活中，能够主动进行刻意练习的人并不多。这一方面是因为人们不够自信，不相信自己能够通过努力创造奇迹；另一方面也是因为人们习惯待在“舒适区”里做自己比较擅长的事情。如果让他们跳出自己熟悉的领域，面对未知的挑战，开始做自己不擅长的事情，就会让他们感觉很有压力。

然而，个体想要有所进步，想要开拓思维和视野，想要激发潜力，就不能一直停留在舒适区。通过刻意练习让自己达到新的高度，这也是为自己制造“底气”、减少压力、赢得自信的关键。

那么，我们应当如何正确地进行刻意练习呢？

◆ 找到明确的目标

拥有明确的目标，才不会让练习的方向发生偏移。所以，我们首先要明确自己想要提升哪方面的技能，这是刻意练习的大目标。之后我们要将这个大目标分解为具体的小目标，每一个小目标都要是自己通过努力能够达到的。

比如，大目标是提升写作能力，小目标就要分解到每天积累多少词汇，练习写多少字的文章等。

◆ 找到可以学习的对象

我们可以寻找领域内的前辈、专家或杰出人士，研究一下他们为什么能够如此优秀，然后再思考一下自己与他们的差距在哪里。

需要注意的是，在进行这样的对比时，我们的态度应当尽量客观，不要回避自己的不足，也不要感到羞愧，只有正视问题，才能解决问题，自己才能进步。

◆ 投入精力勤加练习

明确了练习的目的，也有了具体的方法，我们就可以不断地投入时间和精力去训练。在最初的一段时间，我们可能看不到明显的进步，此时一定不能半途而废，而应当督促自己坚持下去，并可以根据自己的练习情况及时调整、改进训练方法。

比如，如果我们想要掌握一门外语，就可以每天记录自己掌握的词汇量，也可以通过做题来检验自己对语法的熟悉程度。通过这种“即时反馈”，我们可以判断自己是否有进步，如果反馈效果较差，则要反思并改进方法，但无论如何，每日的练习都是不能停止的。

总之，刻意练习核心是建立一个更强大的心理表征来思考问题。刻意练习的原则是明确目的、找到教练、制定策略、投入精力。杰出人物的成就绝非遥不可及，我们与他们之间的距离可能只是长久而专注的刻意练习，牢记这一点，能够帮助我们摆脱自信不足造成的压力，实现个人更好的成长和发展。

6. 改变负向期待，提升“自我效能感”

“自我效能感”是美国心理学家阿尔伯特·班杜拉提出的概念。通俗地讲，就是指我们对于成功做到某事有多少把握。

自我效能感强的人，会表现得比较自信，即使面对的任务有一定的难度，他们也会说服自己全身心投入其中，依靠主观努力克服困难；相反，自我效能感低的人，对于成功缺乏信心，情绪状态会比较消极，也很容易因为任务进展不顺利而产生心理压力。

张文和李武同为某公司的销售员，张文是老员工，入职已有五年，但业绩平平，和他一起入职的同事有的已经获得了提拔，他却还在“原地不动”，内心难免会感到焦虑、沮丧。

李武是一名新员工，虽然他入职时间不长，但很快就找到了“感觉”，还连着签下了两个订单，让上级感到十分惊喜。

2021 年第二季度，张文和李武的销售业绩相差无几。张文得知这个消息后，顿时感到灰心丧气。他想：“我都进公司五年了，业绩却还是这么差，人家一个新人都能够轻而易举地赶上我，看来我真的不适合做这份工作，再这么拖下去也没有意义，我只会被公司无情地辞退。”张文越想越绝望，索性打开电脑，为自己打了一份“辞职报告”。

李武这边的情况却完全不同。他高兴地想：“没想到我才进公司不久，业绩就快追上资深的老员工了，看来这份工作就是我想要找到的理想职业，能让我充分发挥优势。我一定要把握好这个机会，取得更好的成绩……”

面对同样的结果，张文和李武做出了不同的评价，也影响了各自的自我效能感。张文本来就表现平平，对自己的能力已经产生了怀疑，现在他认为自己甚至比不上一个新进员工，导致自我效能感进一步降低，心理压力却在持续增加。

李武入职后工作表现一直比较突出，使得他对自己的能力更加认可，在和老员工进行对比后，他的自我效能感大幅提升，自信心倍增，工作态度也更加积极。

从这个案例，我们可以看出，这里所说的“自我效能感”与“自信”“自尊”有相近之处，但又有明显的区别。自我效能感其实包含着个人的两种期待，一种是对自身能力的期待即“效能期待”，指个人认为自己是否有足够的能力做到某事；另一种是“结果期待”，即希望这件事情能够达到怎样的结果。

在张文身上，这两种期待都出现了问题。首先，他认为自己没有足够的能力应对销售工作，这就是一种负向的“效能期待”；其次，他主观预测自己以后肯定会被公司辞退，这就是一种负向的“结果期待”。

这些“期待”的产生，与个体过去的成败经验有很大的关系。比如，张文就是因为过去工作不顺利，得不到升职机会，所以才会格外怀疑自己的能力，还悲观地认为将会出现被辞退的结果。

想要改变负向期待，提升自我效能感，我们可以参考心理学家提出的一些建议。

◆ 主动增加成功经验

在自我效能感下降以后，我们可以适度调整任务难度，让自己先从事一些容易完成的事情，以增加“成功经验”，提升对自我能力的认可度，有助于改变负向的“效能期待”。

◆ 制造“替代性经验”

别人的成败经验有时也会影响到自己。比如，和自己条件相同或相似的人取得了一些成绩，我们会认为自己也有可能做到这一点，这就是“替代性经验”，它能够很好地鼓舞自己，有助于提升自我效能感。

像案例中的张文就应当停止与新进员工的比较，改为和自己入职时间、业绩水平差不多的员工进行比较，如果看到他们通过努力工作实现了业绩提升，获得了物质奖励和精神奖励，他也能够受到鼓舞，而不会是一蹶不振的模样。

◆ 接受他人的鼓励

心理学家还发现，他人给予自己积极的建议、劝告和真诚的鼓励，也能够增强自我效能感。

就像张文在自我效能感极低的时候，如果能够引起上级的足够重视，得到上级的及时鼓励，就有可能重新燃起信心，愿意接受挑战，自我效能感也会得到明显的提升。

第五章 改善情绪，跳出“情绪—压力”的恶性循环

1. 负面情绪：压力的放大器

情绪与压力密不可分，一方面，过度的压力会引发各种负面情绪，焦虑、烦躁、抑郁接踵而来，严重时可能引发情绪失控；另一方面，情绪变化也会对压力造成一定的影响，负面情绪严重、心理状态不稳定的时候，我们对压力的耐受力会明显降低，可能会因为一些小事而惶惶不安或暴躁易怒。

30 岁的秦峰在某公司担任技术主管。自 2020 年以来，公司实行了加班工作制，他的工作时间不断延长，工作量也翻了几倍，除了原本要负责的技术工作，他还要应对一些自己并不擅长的管理工作，难免会有疲于奔命的感觉。

高强度的工作让他觉得极度疲惫，可是到了夜晚，他又辗转反侧、难以入睡，心中烦闷无比；白天一走进办公室，看到熟悉的工作环境，他就会不由自主地生出一种烦躁感；去参加会议的时候，一想到领导又要给自己布置新的任务，他就会心慌、焦躁不已。

他原本是个亲和力较强的人，也深得下属的爱戴。可最近他的脾气却越来越差，有个女员工因为私事找他办理请假手续，他没有询问对方遇到了什么困难，而是立刻想到："真麻烦！她请假以后工作该交给谁做？整个部门的计划都会被打乱，到时候无法按时完成任务，我该怎么向领导交代？"

他越想越烦躁、恼火，终于勃然大怒，将女员工狠狠地训斥了一番。女员工没想到会遭到这样的粗暴对待，当场痛哭失声，其他员工也觉得很不公平，纷纷在背后议论秦峰不通情达理、不尊重下属。

秦峰背负着沉重的工作压力，已经出现了身心极度疲惫、失眠等明显的压力反应，情绪状态也非常糟糕。负面情绪一直萦绕在他心头，这会放大他对压力的感受。像员工请假这样的小事本来可以得到更好的处理，但是他把后果看得无比严重，无形中给自己增添了更多压力，也由此引发了之后的情绪失控。

类似这样的例子在生活中并不少见，它也提醒我们不但要关注身心发出的压力信号，还要提升自己对情绪变化的觉察能力，以便及时调整情绪、缓解压力，让自己能够跳出"情绪—压力"的恶性循环。

在这方面，我们可以参考美国哈佛大学教授丹尼尔·戈尔曼提出的五条建议。

◆ 提升对情绪的自我意识能力

当压力袭来时，我们应当及时觉察，知道自己正处于什么样的情绪状态，知道是什么原因让自己进入了这种状态，这样才能够采取相应的措施，避免负面情绪不断滋生。

因此，我们平时要学会观察和审视自己的内心，以便发现情绪的微妙变化。当然，能够做到这一点并不容易。戈尔曼教授就发现很多人会根据内心的直觉迅速得出结论，说自己正处于何种情绪中，可这样的答案却不一定客观。所以，我们在判断时不能过于心急，最好能够跳出自身的视角，仔细回顾近期的生活状态，仔细定位压力源，才能得出比较准确的结论。

◆ 提升管理情绪的能力

我们还应当调节、引导、控制、改善自己的情绪，让自己能够成为情绪的主人，这样才能够避免像秦峰这样出现“感情用事”的情况发生。

在焦虑、烦躁、沮丧、愤怒等负面情绪出现时，我们要进行及时干预，比如，可以找到原本的错误思维模式，从源头阻止负面情绪继续对我们造成不良影响。

◆ 提升自我激励能力

这里所说的“激励”与我们熟悉的物质激励不同。它是要发挥情绪的积极作用，让自己能够受到精神方面的激励。

为此，我们可以从设定可视化目标开始，激发自己对目标的渴望，并可以设置相应的精神方面的“回报”，让自己能够产生愉悦、满足、自豪等正面情绪，从而能够减少压力、提振精力和活力，让自己坚定地朝着既定目标前进，或是能够从人生的低谷中走出来，重新出发。

◆ 提升识别他人情绪的能力

我们还要根据他人发出的语言、行为、表情等多种信号，敏感地捕捉他们的情绪变化，再据此调整自己的语言、行为，以更好地与他人进行沟通和交往，这样也能够减少人际交往中的矛盾和误会，有助于缓解人际压力。

◆ 提升处理人际关系的能力

最后，我们还要学一些维系人际关系的技巧，如交谈的技巧、倾听的技巧、赞美的技巧、说服的技巧等。这样在与他人相处的时候，我们不但能够更好地理解他人的意图和情绪，使沟通更顺畅，关系更和谐；而且这对构建融洽而和谐的人际关系、减少人际矛盾和压力也是很有帮助的。

2. 走出焦虑深渊，摆脱“压力山大”的状态

焦虑是很多现代人都会遇到的问题，在工作、学习、生活、人际关系的压力下，焦虑情绪常会不请自来，让我们难以保持平静的心态。而当焦虑情绪越来越严重的时候，又会反过来影响我们的工作、生活，使我们变得更加紧张、不安，也无法自如地应对外部挑战。

32 岁的蔡强是一名工程师。他个性好强，无论做什么事情都会严格要求自己，尽量做到尽善尽美；而且他事必躬亲，哪怕再忙再累，也不愿意把任务分配下去，让团队的其他人来做，因为他不相信别人能把事情做得

像自己这么到位；他还特别在乎别人对自己的评价，有时上级只是流露出一点儿不赞同的意思，并没有批评他，他却会感到十分紧张，还会不断责备自己不认真、不仔细。

最近半年，他经常会无缘无故地感到慌乱、紧张、害怕。脑海中不断浮现出让他担忧的事情，比如，他担心上班会迟到，担心工作会出错，担心通不过年度考核，担心得不到领导的赏识和同事的认可……

很多时候他自己也知道这种担心是没有必要的，但他就是控制不了。这种情况让他非常苦恼，不仅难以安眠，还容易在工作时分散注意力，以至于出现了工作纰漏。这让他感到更加惶恐、忧虑。他曾试图通过听音乐、看视频等方式让自己放松一些，但效果很不理想。看到其他同事能够正常工作和生活，他就更加焦虑，不知道自己这种糟糕的状况何时才会结束。

在这个案例中，蔡强在工作压力下产生了紧张、焦虑的情绪，可他没有及时进行自我调节，导致负面情绪不断累积，开始影响正常的工作和生活，心理压力也越来越大。

这种情况的产生，与他本人的性格特点有很大的关系。比如，他过分追求完美，经常给自己施加压力，当无法达到要求的时候，他就会感到十分焦虑；再如，他存在自信心不足、安全感缺失的问题，并且对事态的走向缺乏掌控感，常常对“不确定”的未来担忧不已，这些都会让焦虑和压力不断升级。

如果你也有类似的问题，想要摆脱焦虑、减轻压力，可以试着从以下几点开始。

◆ 找到焦虑的源头

美国心理学家罗洛·梅曾经说过："焦虑是因为某种价值受到威胁所引发的不安，而这个价值被个人视为自己存在的根本。"

从这个定义出发，我们可以重新认识焦虑的本质，并可以由此找到让自己如此焦虑的源头。就像案例中的蔡强，他将"证明自己的能力""获得他人的认可"视为重要的个人价值，当自己表现不佳或是不被他人赞同时，就会立刻变得紧张、懊恼、局促不安，从而引发焦虑情绪和心理压力。

我们可以按照这样的办法去寻找那些被自己看重的"个人价值"，如此能够帮助你快速地找到焦虑的根源，然后才能对症下药，进行自我调整。

◆ 消除没有必要的担忧

受困于焦虑和压力的时候，我们有很多的想法，它会让人烦恼、忧虑，但其实这些想法只是一些"猜测"，并不是"事实"。我们可以尝试用"如果……但是……实际上……"的三步句式来进行自我询问，方便我们厘清"假想"和"事实"。

比如蔡强可以这样询问自己：

（1）如果我无法通过年度考核会怎么样？我会不会遭到降级或开除的处理？

（2）但是现在并没有出现这样的情况，所以一切都是我的假想罢了。

（3）实际上，我的工作表现非常出色，去年考核被评为"优秀"，还获得了公司的嘉奖；今年我已经超额完成了既定目标，考核结果一定会更

加理想……

在自我询问时，我们不妨准备一张表格，先将那些让自己担忧、烦恼的“如果”和确定的“事实依据”分别罗列出来，再依次询问，这样就能发现我们的很多担忧其实是完全没有必要的。如此，我们也就能逐渐地从焦虑和压力中慢慢挣脱出来。

◆ 学会转移注意力

在焦虑袭来时，我们一定要镇定，不能慌乱，也不要刻意压抑自己的情绪，更不要在脑海中不停地对自己说：“我一定不能再想这件事！”这样的做法只会起到相反的效果，会让自己的关注点更加集中于这件事上。

此时，我们可以做一些能够转移注意力的事情，比如，可以做一些自己非常擅长的事情。同时，准备一张任务表，每完成一个小任务就打上一个“√”，这样我们会更容易专注其中，内心也会产生快乐、满足的感觉。每一个小小的成功都能增强我们对事物的掌控感，也能让我们不再对未发生的事感到焦虑。

3. 减少不必要的内疚，缓解心灵负荷

当我们觉得自己做的某些事情对他人造成了不好的影响时，内心会很自然地产生内疚情绪。

适度的内疚能够提醒我们及时进行自我反省，并可以为自己不恰当的行为道歉，或是用实际行动进行弥补，以此避免人际关系出现问题。

不过，要是出现了过度的内疚，或是为一些不属于自身责任的事情而

内疚，就会给自己带来不必要的心理压力。

文涛是家中的独子，从小父母就对他寄予了很高的期望，也花费了很多心思培养他。

文涛的祖父、伯父都是医生，父亲本来也学医，却因为种种原因没能成为医生，给他留下了毕生的遗憾。所以，在培养文涛时，父亲便注重启发他学医的兴趣，希望他将来能够上医学院，实现自己没能实现的梦想。

然而，父亲不知道的是，文涛对医学没有什么兴趣，他真正喜欢的是音乐。上初中的时候，他就报名参加了音乐社团，还在校乐队做过鼓手。每次和同学们一起演奏的时候，他都觉得特别快乐。父亲知道这件事后，大发雷霆，斥责文涛“不务正业”“浪费青春”，逼着他退出了音乐社团。

从那以后，文涛常常瞒着父亲，偷偷跑去观看乐队演出，并且开始自学乐理知识。可是在做这些事情的时候，文涛虽然喜欢但又觉得内疚，觉得自己“对不起”父亲，辜负了他的期望和栽培。

由于心理负担重、压力大，文涛的高考成绩不是很理想，也就没有办法报考医学院。父亲失望极了，并想让文涛再去复读一年，重新报考医学院，文涛却说“即使复读，也不会去医学院，而是去音乐学院”。

文涛的话让父亲暴跳如雷，本来就有高血压的父亲感觉身体不适，最后不得不入院治疗。见此情形，文涛后悔极了。

经过治疗，父亲的身体逐渐恢复正常，他也想通了，不再逼着文涛去复读、去报考医学院了。可是，文涛却一直未能释怀，并且认为父亲之所以

住院都是自己造成的。他心中充满了愧疚的情绪，甚至无心学习和生活。

在文涛身上，就出现了过度内疚的问题。他其实没有责任去实现父亲的梦想，可在父亲责怪他时，他又产生了内疚的情绪，觉得自己辜负了父亲的期望；而在父亲因病住院后，他更是认为是自己造成的，并在内心深处不停地责怪自己，反复给自己施加压力，让自己不堪重负，濒临崩溃。

那么，过度内疚到底是如何产生的呢？其实，它主要与以下几种因素有关系。

自身道德感的高低：心理学家指出，内疚是一种非常主观的个人体验。同样一件事情，有的人会感到十分内疚，有的人却无动于衷。这取决于每个人对该事件的性质如何评判。像道德感较高的人就会把一些无心之过当成错事、坏事，并会感到深深的内疚。

相似体验：如果我们有过被人伤害的痛苦经历，或是在过去无意中伤害过他人，感到过内疚，那么，之后再遇到类似的情境，我们就会更容易产生内疚感。哪怕自己与此事无关，我们还是会感到非常内疚。

关系深浅：双方之间的关系密切程度也会影响内疚感。比如，双方具有紧密联系的时候，我们很容易因对方受到伤害，或是因对方感到悲伤、难过而产生内疚感。

对于过度内疚的情绪，我们需要进行及时处理，这样才不会给自己带来更多的心理压力。为此，我们可以采取以下几方面的措施。

◆ 对内疚进行正确的评价

当内疚袭来时，我们首先可以对这种情绪进行客观的评价。比如，我们可以问问自己“对方受到的伤害是否真的与我有关？”“我的所作所为违背了公认的道德观念了吗？”

如果答案都是否定的，就说明内疚可能是没有必要的，我们应当停止对自我的“攻击”，让自己尽快从内疚的情绪中走出来。

◆ 减少习惯性的自我反省

容易陷入内疚情绪的人，多属于高敏感人群，对他人的情绪变化非常敏感。他们常有这样的习惯：在感觉对方情绪不佳的时候，就会不由自主地进行自我反省，怀疑是自己的某些言行冒犯了对方，才让对方表现得很不愉快。

适度的自我反省可以强化一个人的责任感，能够推动自我完善和发展，可要是动不动就反思己过，则会引发强烈的内疚感和心理压力，更可能引起认知偏差，使我们无法正确地认识和评价自我。

因此，我们要减少习惯性的自我反省，避免把所有的问题都归结为“自己做得不够好”。同时，还要划分清楚自己和他人的责任，不要为别人做错的事情而承担责任。

◆ 避免遭到内疚感的控制

在人际关系中，有的人可能会把“内疚感”当成一种控制手段，用来影响我们的情绪，使我们在内疚、自责的同时不得不对他们做出妥协。

比如，一位母亲在孩子不听话的时候，会声泪俱下地对孩子说：“为

了你，我付出了多少心血，现在你却这样对我！”孩子就会很容易产生内疚感，觉得自己确实对不起母亲，自然而然地也就遵从母亲的意愿行事。

再如，亲戚想让我们办事，会这样对我们说：“就凭咱们之间的关系，这点儿小忙你要是不帮我，心里过意得去吗？”此时，我们也会觉得有些内疚。但是，我们要保持头脑清醒，并提醒自己：这是一种控制手段，不能因此做出不理智的决定。

不论是在生活中还是工作中，我们都要时刻保持清醒的头脑，坚守自己的底线，合理评估自己的行为。如此，我们才不会受困于过度的内疚中，才能缓解心灵的负荷。

4. 缓解压力，让抱怨“绕道而行”

抱怨被心理学家称为“情绪的毒瘤”，在不断抱怨的时候，我们的消极情绪会不断增多。与此同时，我们要面对的问题却没能得到解决，这会给我们造成很多不必要的心理压力。

不仅如此，抱怨还会影响我们的判断力，使我们看不到自身的缺点和不足，会让我们一次又一次错过自我反省、自我提高与改善的机会。

文文在一家印刷公司的设计部门工作。她每天都要根据客户的要求修改样稿，有时一个样稿要修改十几遍才能让客户满意，这让她没少跟同事抱怨。

最初，她只是偶尔抱怨两声，发泄一下心中的不满。可时间一长，抱怨成为一种习惯。

她每天早上一走进办公室，不是抱怨天气不好，就是抱怨交通堵塞；坐在电脑前看一会儿新闻，又会抱怨社会风气不好。同事们就算心情再好，也不敢与她多交流，生怕会被她满身的“负能量”传染。

慢慢地，文文发现自己在办公室里越来越不受欢迎了。同事们不仅不会主动找她聊天，就是大家在一起聊天，看到她走过来，也会不约而同地散开，这让她十分尴尬。

文文没有反思自己身上的问题，而认为是同事们在针对自己。回到家，她就对家人抱怨自己在公司所遭受的种种“待遇”。家人劝慰她，她还抱怨家人不体谅她。她感觉生活中没有什么事情能让人满意。

在工作和生活中遇到了不顺心的事情，我们可能会吐槽几句。这种吐槽与抱怨是不同的，我们很清楚自己真正的需要，只是借着吐槽的方式宣泄心中的负面情绪。并且吐槽的时候，我们还会使用一些幽默的语言，从中透露出的是一种乐观的心态，听我们吐槽的人也不会觉得反感。

抱怨却完全不同。因为很多时候，爱抱怨的人根本不知道自己真正想要得到什么，他们只是把自己放在“受害者”的角色上，然后不停地对别人控诉自己遭受的“不公正待遇”，让别人也觉得十分压抑、烦恼。所以，爱抱怨的人很难拥有良好的人际关系。

因此，我们在生活和工作中要提高警惕，不要把抱怨当成一件小事。如果发现自己染上了爱抱怨的坏毛病，就要及时采取措施做好调整。

◆ 理性分析抱怨的原因

习惯性抱怨的人往往只是为了抱怨而抱怨，却很少会去分析产生情绪和心理压力的根源。比如，案例中的文文在抱怨工作的时候，就没有认真去思考真正困扰自己的是客户苛刻的要求，是不完善的工作流程，还是自己亟待提高的工作能力。

如果不去进行这样的分析，她就会永远受困于抱怨中。因为她根本找不到改变现状的途径，所以只能盲目地抱怨、诉苦。

◆ 直接向他人说出自己的期望

我们在向他人抱怨时，也是在潜意识中希望他人能够体谅自己的想法，而自己本身也是愿意做出一些改变的。但是用抱怨的方式，带着强烈的负面情绪去倾诉，对方的第一感觉是十分抗拒的。他们可能没有耐心去倾听，也不可能理解我们的想法。他们只知道我们有很多不满和压力，却不知道该如何帮助我们解决问题。因此，我们要改变这种消极的倾诉方法。如果期望对方做什么事情，一定要开诚布公地与对方沟通，避免使用像抱怨这种情绪化的表达方式。如此，对方才更容易接受。

◆ 从现在开始做出改变

我们还可以坚持进行“不抱怨训练”，让自己慢慢地改掉这种爱抱怨的习惯，同时逐渐减轻心理压力。

“不抱怨训练”是由美国心理学家威尔·鲍温首创的。他将每个训练周期定为 21 天，这是新习惯养成或新理念形成需要的最短时间。

我们可以在练习前准备一个表格，记好 21 天的日期，在每晚临睡前可以回顾自己当天的言语、行为，看看自己是否做到了“不抱怨”。如果答案是肯定的，我们可以在对应的日期下画一颗星星。同时，还可以用积极的言语进行自我暗示，鼓励自己把不抱怨的好习惯坚持下去。

在进行“不抱怨训练”时，我们还可以参考鲍温的建议，把一只手环戴在一只手腕上，一旦发现自己正在抱怨某人或某事，就立刻把手环摘下来，戴到另一只手腕上，这可以提醒我们适时停止抱怨。

像这样坚持训练 21 天后，我们可以总结自己的训练成果，之后就可以开始下一个阶段的练习，直到抱怨彻底远离。此时，我们会惊喜地发现，自己已经恢复了平稳的心态，压力问题也很好地解决了。

5. 缓解嫉妒情绪，坦然应对“同辈压力”

嫉妒是一种常见的情绪。我们每个人可能都有过嫉妒他人的时候，并会因此感受到不同程度的压力。

轻微的嫉妒能够成为一种动力，可以促使我们积极行动。可要是极其强烈的嫉妒情绪，就会引发巨大的心理压力，会让我们感到非常痛苦。

32 岁的赵婧从事着一份稳定而体面的职业。对于自己的生活，赵婧还是比较满足的。然而，一次同学会却改变了她的想法，也让她产生了很多不好的感受。

在那次同学会上，赵婧与阔别多年的大学室友相见，大家都很激动、开心。待情绪平复下来，室友们争相诉说着自己在毕业后的际遇，赵婧却

越听越不是滋味。原本她们几个女孩学的是同一个专业，在大学里的表现也没有什么大的差异，可是毕业后的发展情况却大相径庭。

室友小娟毕业后选择出国深造，后来加入了一家500强企业，目前已经升到了高管职位；小棠留校考研，之后继续读博，在知名期刊上发表了几篇重磅论文，在学术上也是小有所成；小薇和男友一起创业，现在事业已经步入正轨，年收入十分可观，目前正计划举办婚礼……

几年过去，室友们都做出了不错的成绩。赵婧本应该为大家感到高兴，可她内心却很不舒服，连笑容都变得十分勉强。

从那天起，赵婧就心烦意乱，无法专心工作。她嫉妒室友们。虽然她知道这样是不对的，可她就是无法控制自己的情绪。有时，她又会认为是自己“不争气”，终日处于矛盾、苦恼之中，不知道该如何解脱……

出现在赵婧身上的情况被心理学家称为“同辈压力（peer pressure）”，也叫“同侪压力”，是指我们很容易与年龄相仿、地位相近、家庭和教育背景也比较相似的“同辈”进行横向比较，并会因为自己不如对方而产生嫉妒情绪，从而引发巨大的心理压力。

以赵婧为例，她本来已经拥有了一份不错的工作，但看到大学室友拥有更高的学历、更好的经济条件、更丰富的感情生活时，就会产生一种“被剥夺”的挫败感和沮丧感。在嫉妒他人成功的同时，她的自我价值感也在不断降低。她看不到自己身上的优势，也不再为自己取得的成就而自豪，这会让她在与同辈的“竞争”中感受到无限的压力。

对此，我们需要给予足够的重视，应及时意识到它们的存在，并采取有效的处理措施，避免消极影响不断堆积。为此，我们可以从以下几点做起。

◆重新认识自己

嫉妒情绪让我们只关注自己不如同辈的地方，这无疑会让人产生极大的心理压力。因此，我们要学会客观、公正地评价自己，不但要正视自己身上的不足和缺点，还要看到自己身上的闪光点，从而发掘出个人价值。如此，我们才会变得自信、乐观，嫉妒和压力也会慢慢离开。

另外，我们还要学会思考自己真正需要的是什么，不要把别人的追求当成自己想要的东西；同时，我们也要重新定义“成功”，不必随波逐流，更不要将“事业有成”当成“成功”的全部，有意义的人生远不止于此。通过进行这样的思考，能够让我们减少对“成功”的焦虑，避免被嫉妒和压力淹没。

◆思考同辈胜过自己的原因

在嫉妒同辈的时候，我们不能只看到他们取得的成就、获得的进步，还要想到他们在这些成果背后付出了怎样的辛苦努力。因此，我们可以尝试转移思维的焦点，试着在脑海中进行这样的自问自答。

问题 1：“他为什么会如此优秀？”回答时要给出具体的答案，如他身上具备哪些优秀品质，他在工作或学习中使用了哪些高效的方法，等等。

问题 2：“他做到了哪些我没有做到的事情？”回答时要将对方的情况与自己的情况进行对比，客观地找出自己做得不够好或不够到位的地方。

问题3：“我为什么没能做到这些事情？”回答前要进行深入的反思，以发现自己身上需要改进的地方。

这样的自问自答可以帮助我们摆脱嫉妒的迷障，可以促使我们找到对自己真正有价值的东西。

◆ 将嫉妒转化为前进的动力

在完成了上述思考过程后，我们就能够找到对方“比自己强”的真正原因，接下来我们可以对信念进行改造。比如，将“他凭什么比我强”的信念转换为“他能做到的事情，我也能做到”。

这样的信念转换可以让我们失衡的心态获得明显的改善，帮助我们重新燃起希望，从而避免终日陷入负面情绪中。通过转化的方法，同辈压力也就转变为一种想要完善自我、超越他人的动力。这个动力会推动我们一步一步向前迈进，直到成为一个更加优秀的自己。

6. 愤怒 Out！别在压力下轻易崩溃

当有压力时，愤怒是我们常会出现的情绪反应。特别是我们处于被批评、被指责、被羞辱之类的压力情境中时，愤怒情绪便会逐渐累积，最后还有可能引发严重的情绪失控。

在盛怒之下，我们不仅会失去最基本的判断能力，还会对那些让自己愤怒的对象做出一些不理智的行为。但是，等到我们冷静之后，看到自己做的事以及造成的严重后果，我们又会十分后悔。

王琳是一名大二学生。她性格内向，不善于和人交往。但是在内心深处，她又非常渴望拥有温暖的友情。

在宿舍里，王琳一直是独来独往，而其他几个室友却相处融洽，她们平时有说有笑，经常结伴上课、打饭。王琳心里非常羡慕，却又不知该如何加入她们。

慢慢地，王琳发现她看见室友们友好相处、听见室友们的说笑声，都会感觉很不舒服、很不高兴。她甚至认为是室友们在孤立自己，这让她觉得很委屈。

一天晚上，王琳因为身体不适所以早早上床准备休息。可是，有一位室友却在打电话和男友吵架。这让本来就身体不舒服的王琳非常生气，气急之下她冲着室友喊了一声："别打了，吵死了！"

那位室友和男友发生了矛盾，心情本来就很糟糕，王琳不客气的话语犹如"火上浇油"，让她更加愤怒。挂了电话后，室友就开始批评王琳："你嫌吵的话，可以好好跟我说，干吗大喊大叫？"

王琳被室友的态度彻底激怒了，从床上跳下来，指着室友叫嚷起来。其他几位室友赶紧帮忙劝说。王琳却听不进去，生气地说："你们就是合起伙儿来欺负我。"

这下室友们也不高兴了，纷纷指责王琳，说她"孤僻、不合群、脾气差"。王琳愤怒到了极点，无法控制自己的行为，在宿舍里又摔又砸，弄得一片狼藉。室友见状，连忙向舍管和辅导员老师报告……

最终，王琳因扰乱宿舍秩序受到了学校的警告处分。并且，她在盛怒

之下砸坏了室友的电脑、手机，也需要照价赔偿。面对这样的结果，王琳懊悔极了……

不善于处理人际关系的王琳在宿舍生活中背负了不少压力，也累积了不少负面情绪。而室友打电话这件事无疑成为“导火索”，让她的愤怒情绪从无形的心理压力变成了有形的行为，进而做出了许多让自己后悔的事情。

这个例子提醒我们要注意控制好自己的愤怒情绪，特别是在遇到压力情境的时候，我们更应保持理智。为此，心理学家建议我们牢记一条公式：前期压力 + 当前压力 + 间接刺激 + 触发性想法 = 愤怒。

这里所说的“前期压力”指的是在过去的经历中形成的压力。比如，童年与人交往时受到过严重挫折，这样的消极经历会对我们产生长远的影响。即使我们成年了，这种影响还会在。只要我们与人打交道，就会感觉有压力。

“当前压力”指的是现阶段因为某些需求没能得到满足，或是遭遇威胁、挫折等引发的压力。比如，案例中的王琳就是因为人际交往需求未能得到满足，因而积累了不少压力。

“间接刺激”指的是和当前的压力情境没有直接关系的压力源。比如，当时王琳身体不适，这就属于“间接刺激”。

至于“触发性想法”则是指直接引发愤怒的“导火索”。比如，王琳认为自己被室友针对、欺负，这就属于“触发性想法”。这会让她感到很大的压力，也会让她变得十分愤怒。

根据这条公式，我们可以采取以下措施缓解压力、控制愤怒情绪。

◆ 学会觉察愤怒信号

我们要对自己的前期压力有所了解，知道什么样的情境可能会让自己变得冲动易怒，在遇到这类情境时就要格外警惕，要随时观察自己的情绪。

这种“情绪观察”需要我们暂时跳出自己的角色，摆脱自己的立场，成为一个“旁观者”。如此，才能更细心地体会自己在此时的外部表现和内在心理活动，以便及时觉察自己的情绪变化。比如，我们可以从表情、动作、姿势、呼吸、心跳等变化，意识到自己已经处在情绪失控的边缘，需要立刻进行自我调整，避免情绪进一步激化。

◆ 调整自己的消极想法

在压力情境中，我们心中会产生很多消极想法，也正是这些想法让问题愈演愈烈。因此，在觉察到愤怒信号后，我们就要尽快调整自己的消极想法。比如，王琳的室友们本是出于好心前来劝说，但她的想法却是“她们平时就非常要好，现在也是合起伙儿来欺负我”。这种想法显然是不对的。她应当提醒自己客观分析问题，不要急于进入“自我防御模式”，以免对原本微不足道的事情做出过度反应。

我们在发怒后也应及时进行反思，将自己的想法与事实真相进行核对，这样才能帮自己发现认知上的偏颇之处。如此，日后再遇到类似问题就不会犯下同样的错误。

◆ 给自己留下缓冲时间

在调整想法后，如果还是无法克制愤怒的情绪，为了避免出现情绪失控，我们可以给自己创造一些缓冲时间。有心理学家建议我们可以强迫自

己等待 6 秒，因为前额皮质（脑部的命令和控制中心）行动比较“迟缓”，6 秒恰好是它的反应时间，当它开始运作，我们才能找回理智。

此外，我们要学会“冷处理”情绪：如果我们因为某事想要大发雷霆，不妨先离开现场，找一个安静的地方，用冷水洗洗脸或是做一做深呼吸，让自己的心情慢慢恢复平静。这样，大脑才可以恢复正常思考，不会因为愤怒而做出不理智的事情。

当然，控制愤怒的情绪并不等同于强迫自己压抑情绪。那样只会让自己感受到更大的压力，一旦遇到“导火索”，便会突然大爆发，只会引发更严重的后果。因此，当自己受到不公正的对待时，我们可以用恰当的方式合理地表达自己的愤怒，让对方能够真正理解我们的所思所感，愿意向我们道歉并做出弥补，这样才能真正地赶走愤怒，减轻压力。

7. 锻炼“心理弹性”，逆境中增强积极情绪

每个人都会遇到逆境，但每个人在面对逆境时的反应却各不相同。有的人很容易被逆境和逆境所产生的压力击垮，变得一蹶不振。有的人却能很快恢复过来，并且能够主动增强自己的积极情绪，让自己可以更好地适应当下所处的境遇。

对于这种情况，心理学家会用“心理弹性”来解释。所谓心理弹性，与“抗压能力”的内涵相似，都能够反映人们对压力的承载程度。就像受到重压的弹簧一样，弹性越好的弹簧越容易恢复到正常状态。同样，心理弹性越大的人，就越不容易被压垮，即使遭遇逆境也能够快速恢复到原本平稳安

定的情绪状态。

35 岁的陶娜在某公司的销售部门工作。最近两年，公司业绩严重下滑，销售部门进行了一次裁员，陶娜的名字被列入了裁员名单。

离开公司后，陶娜每天都愁容满面，吃不香、睡不好。丈夫很关心她，找了个时间和她进行沟通。她对丈夫说：“现在我们每个月要还 5000 多元的房贷，还要交物业费、水电费，孩子读幼儿园的费用也不是个小数目。以前我和你一起撑着这个家都觉得有点儿吃力，现在我失业了，短时间内又找不到新的工作，我们的生活还能维持下去吗？”

丈夫看她如此烦恼，安慰道：“其实事情并没有你想的那么糟糕。你看，我们还有一些积蓄，省着点儿用，支撑个半年不成问题。在这段时间里，你可以一边投简历，一边在家休息。你不是总说工作压力太大，都没有时间学东西，也没办法陪伴孩子，现在不就是个大好的机会……”

听完了丈夫的分析，陶娜觉得心情轻松了不少，忽然发现失业并没有想象的那么可怕。她不断地安慰自己，让自己多想、多看积极的事情。同时，她还不忘记给自己打气，让自己时刻充满希望。就这样，陶娜的状态慢慢恢复了过来。她认真地规划了失业后的生活，让每一天都过得有意义，原本沮丧、压抑的情绪也渐渐被快乐、满足代替。

失业给陶娜带来了沉重的压力和大量的负面情绪，但通过丈夫的开解和自我安慰、自我调节，她的心理状态逐渐恢复。在她身上，就表现出了

较强的心理弹性，而这可以让她顺利地走出消极经历，以积极的心态面对未来的生活。

具体来看，心理弹性较强的人会有以下几种表现。

① 能够从积极的角度看待同样的问题，心态比较乐观。

② 能够从社会关系中得到必要的支持。比如，在压力大、心情不好的时候，陶娜愿意向丈夫倾诉烦恼，也听得进丈夫的劝慰，并从丈夫的话语中获得启发。

③ 能够表现出较强的意志力，不害怕接受挑战，并能够坚持某个目标。

④ 能够找回自己对生活的掌控，并对未来充满希望。

那么，我们应当如何培养或提高自己的心理弹性呢？

◆ 学会接纳真实的自己

身处逆境，我们可能会将遇到的所有问题都错误地归因于自己，并因此陷入自我厌恶和自我攻击中。此时，我们需要积极自救，要敢于接纳那个不够完美却非常真实的自己。

做到“自我接纳”需要这样做：首先，我们要对自己做出恰当的、适度的评价，并要学着接受自己过去犯下的错误；其次，我们要有勇气让别人看到自己最真实的一面，不必故意掩饰什么；最后，我们还要停止进行无谓的攀比，更不能把个人价值建立在与他人比较的基础上。

学会自我接纳，做一个自尊自爱、内心强大的人，我们的心理弹性也会随之增强。

◆ 适度降低“自我期望值”

我们的心理压力有很大一部分来自对自己过高的期望——总是期望自己表现得完美无缺，能够游刃有余地处理好各类事务，能够获得所有人的认可和喜爱。但事实上，这样的期望是不切实际的。如果总是对自己提出过高的要求和标准，无时无刻不监督、反省自己的言行，只会给自己增加心理压力。特别是在自己的表现不尽如人意的时候，就更容易产生强烈的沮丧、失落的情绪，这会让心理弹性饱受考验。因此，我们应当分清合情合理的期望和不切实际的期望。两种期望，只有前者能帮助自己走出逆境、走向成功。

◆ 从逆境中寻找自我突破的可能

逆境并不代表人生终结，相反，我们可以从逆境中寻找到突破自我的可能。为此，我们需要将自己从逆境中彻底剥离出来，放弃过时的身份和目标，给自己重新定位新的目标，为人生找到新的出路。

与此同时，我们要学会以逆境为镜，照见自身的不足，这样才能及时修正或弥补自身，然后“对症下药”，让心理弹性不断提升，使自我性格得到改善，心态也能得到良好调整。

如此一来，逆境反而会成为我们进步的契机。

第六章 自我调适，化解压力的负面效应

1. 用积极的自我暗示，缓解心理压力

在心理压力较大的时候，我们可以尝试进行自我暗示。自我暗示是每个人都拥有的对抗压力的法宝。

我们可以通过语言、动作、想象给予自己积极的心理暗示或刺激，这有助于缓解压力，消除紧张、焦虑，让心态恢复平静、愉快。

李铭是一名大专生，毕业后他满怀憧憬来到首都北京，希望能够找到一份如意的工作。可是在人才市场上，他却发现自己需要和大量本科生、研究生竞争，这让他感到很有压力。

这天，李铭接到用人单位打来的电话，获得一次面试机会。这本是一件值得高兴的事情，但李铭觉得焦虑、烦恼，很害怕会被面试官问及与学历有关的问题。

来到用人单位的时候，他看到门口已经有不少求职者在等待，更加地紧张起来，手脚都在不停地出汗，头脑也变得一片空白。

“如果以这种状态去面试，我肯定会被刷掉。不！我一定要振作起来，不能失去这个好机会！”他在心里对自己说。

他走进卫生间，用冷水洗脸，让自己清醒过来。之后，他挺直脊背，握紧拳头，连续做了几次深呼吸，又对着镜中的自己说：“我要镇定下来！我很有信心！我相信自己一定能够成功！”

几分钟后，他觉得绷紧的身体慢慢放松了下来，紧张的情绪也得到了缓解。在当天的面试中，他表现得落落大方、从容自然，给面试官留下了极好的印象。

李铭在无意中采用了积极的自我暗示，产生了良好的效果。也许你会觉得这有些不可思议，但容易受到“暗示”确实是人的心理特性之一。它是人类在漫长的进化过程中，逐渐形成的一种无意识的自我保护能力和学习能力。我们可以利用这一点，用自我暗示对自己的情绪、意志、心理施加正面影响，让自己可以暂时摆脱“压力山大”的状态。

自我暗示的方法有很多，我们可以根据自身的情况灵活选择。

◆ 用积极的话语来减压

积极的语言如“我一定能够成功”“我是最棒的”“我非常自信”等能够唤起内心深处愉快的体验，有助于缓解压力、减少负面情绪。

在具体实行时，如果周围环境允许，我们就可以大声地把这些话语喊

出来。如果身处公共场合，不适合大声喧哗，我们也可以在心中默念这些话语，或是在纸上一遍一遍地书写，这些做法都能够产生一定的暗示效果。

需要指出的是，用来进行自我暗示的话语应当尽量简短、有力，才能传达更多的情感，也能够在我们的心中留下更加强烈的印象。

◆ 通过伸展肢体之类来减压

身心压力大的时候，我们常会感觉胸口像压着一块巨石，让人有透不过气来的感觉，同时身体也会变得紧绷、僵直。此时，我们就可以做一做伸展肢体的动作。比如，可以挺直上半身，做昂首挺胸的动作；也可以尽力展开双臂，让身体向外充分打开。这些动作都能够让我们的身体松弛下来，有助于减轻压力。不仅如此，这些动作还能带给我们积极的暗示，能够提升自信心、快乐感。

◆ 通过积极的想象来减压

一位专家给我们提供了一种想象减压法——将压力想象为一种具体的形象。比如，可以想象它是一块压在胸口的石头，也可以是一条绑缚在自己身上的绳索，还可以是一只攥紧的拳头，我们甚至可以把它想象成一个皱着眉头的人……这种想象会让压力变得不再那么神秘、那么难以捉摸，能够减轻我们对压力的恐惧感和抗拒心理。我们还可以在想象中感受和抚摸压力，让它成为自己的一部分，从而能够做到包容压力，与压力共存，内心也会变得更加平和。

◆ 通过美好的环境来减压

环境反馈给我们的视觉、听觉、嗅觉、触觉、动觉等会对心理和情绪产生很大的影响。比如，周围的环境整洁、雅致、幽静，光线明亮，色彩搭配和谐，身处其中的我们就会感觉心情舒畅、压力顿消。可要是环境脏乱、拥挤、嘈杂，光线阴暗，气息憋闷，我们就会感受到较大的压力，心情也会烦闷不堪。

因此，我们可以通过调整、改变环境来对自己进行积极的暗示。例如，平时可以多待在宽敞明亮的区域，也可以多选用暖色调的物品来装点周围环境，还可以在身边摆放一些绿色植物，同时可以处理掉家中毫无用处的瓶瓶罐罐……这些点点滴滴的“环境暗示”，都能起到减轻压力的作用。

2. 自我对话：倾听来自“内在小孩”的声音

或许我们并没有意识到，尽管自己早已成年，但内心深处却有一个脆弱、容易受伤的“内在小孩”，它代表了我们在童年没有获得满足的需求、没能顺利表达的情绪，或是一些令人不快的、痛苦的经历。

在我们成长的同时，“内在小孩”并没有同步成长，它会影响到我们的性格特点、心理变化、行为模式、人际关系，我们遇到的很多压力问题也都与它有关。比如，我们会变得敏感多疑，在与人相处时会缺乏安全感，在工作中又会缺乏自信，总觉得自己不够优秀，得不到别人的认可；再如，我们的压力阈值会变得很低，遇到令自己为难的事情，就会感到压力很大，并会产生逃避、抗拒心理……

上述这些问题，都能从“内在小孩”处找到答案。我们要做的不是无视或压抑“内在小孩”，否则问题只会越来越多。好的方法是，我们可以

进行积极的自我对话，帮助自己了解“内在小孩”。然后，积极回应它的需要，释放被压抑的情绪，疗愈被伤害的心灵。这样，我们才能摆脱痛苦和压力，才能让自己真正感到快乐。

这里提到的“自我对话”，是一种非常简单、易行的自我调节方式，受到了众多心理学家的推崇。在自我察觉情绪不佳、压力很大的时候，我们可以按照以下步骤尝试进行“自我对话”。

◆ 准备独处的时间和空间

我们最好能在独处时进行“自我对话”，因为身边没有他人干扰，所以整个身心状态是比较放松的。并且独处时，我们也不用在乎他人的眼光，可以尽情地说出自己藏在心底的话，减压的效果也会更加理想。

因此，我们可以找一个适合的时间，让自己一个人待在卧室或其他比较私密的空间里，再进行自我对话。有条件的话，我们还可以在房门上挂上一块“请勿打扰”的牌子，以免他人打扰到我们。

◆ 放下“面具”，倾听“内在小孩”的需要

准备好独处的机会后，我们就可以开始自我对话了。由于我们每个人在社会生活中扮演着不同的“角色”，有时难免会给自己戴上“面具”，说一些违心的话，而那个真实的“内在小孩”只能被我们深埋在心底，这无疑会让自己承受的压力不断升级。

因此，在“自我对话”时，我们一定要摘下自己的“面具”，大胆说出自己内心真实的想法，表达平时不敢表达的情绪，这样才能发现“内在小孩”的真正需要，也才能为进一步自我调节指明方向。

◆给予自己肯定与鼓励

“自我对话”的目的不是为了单纯的发泄，而是为了解决困扰我们的压力问题。因此，我们在了解“内在小孩”的需要后，还要做好安抚工作，让这种需要能够得到满足。

在这个环节，我们要避免使用第一人称“我”，而是要以“第二人称”“第三人称”来对话，效果会更加理想。

美国密歇根大学的心理学家伊桑·克洛斯就曾经进行过这样的实验：他随机挑选了一些实验对象，用脑电图监测他们的大脑活动。然后，克洛斯先让他们从第一人称“我”来默默叙述自己的经历、表达自己的情绪。之后，克洛斯又让实验对象用第二人称“你”、第三人称“他/她”来重新叙述同样的事情，表达同样的情绪。最后，他发现使用第二、三人称进行“自我对话”时，实验对象的大脑内侧前额叶皮层中显示了较少的脑活动。这说明此时实验对象的情绪状态是比较放松的，在回忆过去、组织语言的时候付出的认知努力也是较少的。

因此，我们要多用“你”“他/她”来进行“自我对话”。比如，我们可以这样对“内在小孩”说：“你好，你在这里吗？你并不孤单，我会在这里陪伴你。”“你应该明白，家庭问题并不是你造成的，你可以相信自己的感受，也可以获得你想要的东西……”

像这样去“自我对话”，能够在安抚“内在小孩”的同时，减轻心理压力，增强自信心，帮助自己学会以积极的眼光看待世界，而不是一直深陷在悲观的、苦闷的泥淖里。

3. 想象减压：让紧张的身心逐渐放松

高强度、快节奏的生活给我们带来了沉重的压力。在身心紧张、情绪焦虑的时候，我们不妨尝试一下“想象减压法”，让身心彻底放松，为自己减负。

想象是人类特有的心理过程。我们可以在头脑中对已有的形象进行加工改造，形成新的形象，这样不但能够补充我们在感知上的不足，还能满足我们的某些心理需要。比如，在现实生活中遭受了挫折时，我们感到紧张、焦虑。那么，我们就可以在想象中将所遭受的不愉快的体验进行“重置”，这样做有助于减轻压力、缓解不良情绪反应。

27 岁的徐刚特别害怕在公众场合发言，总担心自己会说错话。之所以会这样是因为在上大学的时候，他曾经参加过一次演讲比赛。在赛前，他做了充分的准备，精心撰写了演讲稿，还对着镜子练习表情、动作。他本以为会有好的表现，谁知演讲时，他因为过于紧张说错了一个成语，引得全场哄堂大笑，这让他感到十分窘迫。

从那以后，徐刚就非常抗拒在人多的场合发言。可是参加工作后，这种情况总是难以避免的。最近，徐刚负责的一个项目取得了不错的进展，经理让他在部门会议上给大家介绍一下经验。徐刚觉得十分为难，但他也知道一味逃避只会给上级和同事们留下不好的印象。于是，他来到一个无人的办公室，让自己先冷静下来，然后在脑海中想象发言时的情景。

他想象自己正站在会议室里,在全部门同事面前介绍自己的工作经验。经理坐在自己的对面,面带微笑,还不时地冲自己点点头,看上去非常满意;而同事们也用赞赏的目光看着自己，似乎非常认同自己的发言内容。

他还想象了同事们向自己提问的情景，而自己也大方地从容应答，赢得了大家的阵阵掌声……

经过这样一番想象后，他觉得紧绷的身体慢慢放松下来，之前那种紧张到喘不上气的感觉也消失了。

过去的挫折体验让徐刚对当众发言产生了畏惧心理，当领导给他布置任务的时候，他紧张到了极点，心理压力极大。幸好他采用了“想象减压法”进行自我调节：他在脑海中构建了积极的情境，有助于消除挫折造成的负面影响，也减轻了心理压力，让自己能够从容、自信地应对压力场合。

从这个案例我们可以看到，“想象减压法”之所以能够起到效果，关键在于以下两种因素。

第一，想象的画面或场景要尽量具体、形象，才能够影响我们的认知。比如，徐刚在想象时就加入了很多细节，如领导的表情、动作、神态，同事们的具体反应，等等。

第二，想象的内容应当是积极的，能够给自己带来轻松愉悦感受的，这样才能起到缓解不良情绪、减轻压力的作用。

在把握好上述两点的同时，我们还可以按照以下步骤练习“想象减压法”。

◆ 做好准备工作

在练习时，我们需要找一个安静舒适的环境，先做一做深呼吸，让自己的注意力集中于呼吸频率上，这有助于缓解紧张焦虑的心情。

之后，我们可以选一个自然放松的姿势（坐姿、卧姿都可以），然后闭上双眼，轻轻地对自己说："我正在慢慢平静下来……好的，我已经平静下来了。"这样做的目的是对自己进行简单的心理暗示，让自己更加容易进入想象的场景。

◆ 在脑海中构建形象和场景

我们既可以想象一些能够给自己带来最愉悦感受的场景，也可以将过去的一些美好回忆进行再加工，让它变得更加温馨。

比如，我们可以想象自己在海滩上漫步，此时天气晴朗，温度适宜，带着潮湿气息的海风轻柔地拂过面庞，让人感觉心旷神怡。我们的脚下是松软的细沙，踩上去格外舒服。远处白色的浪花不时拍打着海岸，天空中几只海鸥正在潇洒自如地盘旋，姿态优雅……恍然间，我们已经与美好的大自然融为一体，感觉非常放松、舒适。

想象时，我们可以充分调动感官功能，想象自己听到了什么、闻到了什么、感觉到了什么，这会让我们有一种身临其境的感觉，放松的效果也会更加明显。

◆ 想象结束后强化体验

进行想象练习没有时间的限制，我们可以根据自己的感受，自然地退出想象。在想象结束后，我们可以静静地坐一会儿，同时做几次缓慢、深长的呼吸，再慢慢睁开眼睛。

之后，我们不但可以用心回味在积极的想象中获得的良好体验，还可以用笔将那些美好的、温馨的场景画下来，以进一步强化感知。当下一次练习这种减压法时，我们就可以将这些场景当作“蓝本”，据此展开更加丰富的想象。

4. 适度宣泄：不要把压力全留给自己

压力在我们的生活中是不可避免的。既然无法摆脱压力，我们就要学会与压力共处，学会在压力过大时通过适当的渠道和方式进行自我宣泄。

这种宣泄不同于任性的、不加约束的胡乱发泄，而是一种合理的释放压力的方法。在适度宣泄之后，痛苦、焦虑、紧张、烦躁等负面情绪会得到缓解，我们也会有一种如释重负的感觉。

杨璐在一家零售公司担任高管。2023 年上半年，她为了一个重要的项目与合作伙伴进行了多次谈判，但每次谈判都以失败告终。

有一次，谈判进入僵持阶段，双方开始拉锯战。没有办法，只能暂停谈判，休息片刻。杨璐感觉自己就要崩溃了，于是把计划书重重地摔在谈判桌上，扭头离开了会议室。她心里很清楚，哪怕自己再不情愿，一会儿也得回到刚才的座位上，把谈判继续下去。她觉得痛苦、压抑到了极点，可身边又无人能够安慰和支持自己，便找了个无人的角落放声痛哭。

在同事眼中，她是一位十分坚强的女性，从来没有在大家面前流露出

脆弱的一面，可是她知道自己没有他人想象中那么无坚不摧，她也会委屈和难过，只是平时为了保持形象，才一直压抑着内心真实的感受。

几分钟后，她停止了哭泣。刚才离开会议室时，她心头就像压着一块巨大的石头，憋闷极了，可是在哭过之后，这块大石似乎开始松动、瓦解……她叹了口气，擦干净眼泪，整理好妆容，恢复了自己原本冷静、专业的样子，重新回到了谈判桌前。这一次，她对取得成功突然有了不少的信心……

杨璐在内心濒临崩溃的时候，选择了暂时离开让自己紧张、压抑的谈判现场，到无人的地方痛哭了一场。在哭泣之后，她长期积攒的压力和负面情绪得到了一定的释放，让她有一种难得的轻松感觉。

哭泣的确是一种很好的减压方法。心理学家通过研究发现，在哭泣之后，大多数人的情绪强度和压力水平都会有一定程度的下降，精神状态也能够得到改善，所以想哭的时候一定不要强忍眼泪。不过，哭泣减压只能偶尔为之。否则，效果会越来越不理想。同时，长时间号啕大哭对身体无益。所以，我们要懂得适可而止。

除哭泣减压，我们还可以采用以下这些方法宣泄压力。

◆ 叫喊宣泄法

压力大的时候，我们可以在无人的地方用大声叫喊的方法来减压。这种方法特别适合性格内向的人，他们平时在工作和生活中遇到了难事后，总是习惯性地将不好的感受藏在心里，这会让自己的心理压力不断增大。其实，这类人就可以找一个无人的地方，尝试大声叫喊。因为不用担心会打扰到别人，所以他们能够放下心理包袱，尽情地发出“啊”“呀”之类的叫喊声，以此将困扰自己的问题喊出来，从而让自己身上的压力得到一定程度的释放。

◆ 歌唱宣泄法

喜爱音乐的人可以用唱歌的方式帮助自己减压。唱歌时，我们会沉浸于美妙的旋律中，内心会变得平静、愉悦，压力也能有所减轻。心理学家还建议，如果有条件，可以加入合唱队、合唱团，与他人一起唱歌，我们会产生更加明显的愉悦感、满足感，有助于驱散抑郁、焦虑和孤独感，会让自己变得更加积极和有活力。

◆ 游戏宣泄法

游戏也是一种宣泄压力的方法。有许多人常常用玩电子游戏的方法来缓解工作和生活中的压力，但并不是所有的游戏都能起到减压效果，要特别注意游戏类型的选择。美国俄亥俄州立大学的几位心理学家就进行过这方面的研究，他们发现那些节奏紧张刺激、有暴力因素的游戏会让神经系统过度兴奋，也会让人的攻击性和压力水平增强。因此，在压力大的时候，我们要尽量避免玩这类游戏。我们可以选择玩一些节奏轻松、画面精美、气氛活泼的休闲类型游戏。这会让自己感觉更放松、更快乐，减压的效果也会更明显。

◆ 运动宣泄法

运动能够促进内啡肽分泌，这是一种特殊的激素，也被称为“快乐因子”，能够让我们感到轻松愉快。不仅如此，适度的运动还能帮我们放松身心，

缓解在工作中积累的疲劳和压力。因此，我们可以选择自己擅长和喜爱的运动项目进行有计划的运动。这不仅可以丰富我们的业余生活，还可以达到宣泄心理压力的目的。需要注意的是每次运动时间不宜过长，以免超过身体负荷，反而会增强疲劳感。

◆ 创作宣泄法

艺术创作的减压作用同样不可忽视。美国德雷塞尔大学的研究人员发现，18~59 岁的成年人在参加艺术品制作课（时长 45 分钟）后，压力水平会有不同程度的下降。这也提醒我们，在压力大的时候，不妨尝试一下绘画、书法、雕刻、插花，或是制作简单的手工艺品、进行文学创作，等等。这些艺术创作活动不但能够陶冶情操，还能驱走人们内心纷繁复杂的想法。同时，它也能让压力有个释放的窗口，以此减少消极情绪对人的困扰。

5. 倾听音乐：美妙的旋律是减压的“良药”

在工作和生活压力大的时候,有的人会选择用倾听音乐的方法来减压。比如，在工作紧张的时候，听一听慵懒的爵士乐、舒缓的轻音乐，就会感觉轻松不少。

心理学家认为，音乐确实有一定的减压作用，因为它本身就是“情绪的艺术”。音乐不但能够让听众获得美的享受，还能与听众产生情感共鸣，让听众的情绪跟随音乐而波动。如果我们选择适合的音乐风格、演奏乐器，那么在倾听过程中，内心烦躁不安的情绪就会慢慢平静下来，紧绷的身心也会不由自主地放松，由此达到消除负面情绪、缓解压力的作用。

瑞典哥德堡大学的心理学家们就进行过这方面的研究。他们发现人在经历了一段紧张时期后，听一些节奏舒缓、旋律优美的音乐，能够有效降低压力水平。

不过，想要用音乐来减压，我们需要注意做好以下几点，才能达到比较理想的效果。

◆ 选择自己喜爱的乐曲

我们可以选择曲调柔和、节奏舒缓、频率适宜的乐曲来减压，而且最好选择一些自己喜爱的、比较熟悉的乐曲，这样在倾听时才更容易放松身心，还能够获得一种安全感。

另外，我们还可以结合自己当前的情绪状态来选择音乐。比如，在生活中遇到了难处，心情非常压抑、沮丧，可以选择倾听一些包含着积极、快乐情绪的乐曲，如柴可夫斯基的《花之圆舞曲》、约翰·施特劳斯的《春之声圆舞曲》等；若是心情烦躁、焦虑，坐立不安，可以选择倾听一些有镇静安神作用的乐曲，如班得瑞的《月光》《聆听》《真爱》等。

选好乐曲后，我们可以先静静地倾听 5~10 分钟，如果心中还是感觉不舒服，就可以调整为其他曲目，不必一直强迫自己倾听不喜欢的乐曲。

◆ 选择编排丰富的乐曲

我们还可以选择一些编排比较丰富的曲子。在乐曲开始播放时，我们可以跟随其中的一种乐器，一边听一边随心所欲地在纸上描画点、线、形状。一曲播完，我们又可以跟随另一种乐器，进行同样的训练。这样既能够加深我们对音乐的直观感受，又能转移注意力，从而缓解压力带

来的窒息感。

◆ 倾听时间不可太长

为了减压而倾听音乐，我们要注意控制时长，最好不要超过 60 分钟，以免引起听觉疲劳。而且我们要注意不能反复循环播放同一首曲目，以免引起心情烦躁。

另外，播放音乐时音量不宜过大，避免损伤听觉。在倾听过程中，保持全身心投入，努力赶走脑海中杂乱的思绪，试着将全部注意力集中在音乐本身，以此获得心灵的释放和解脱。

◆ 在聆听的时候配合联想

我们还可以选择一些大自然主题的音乐，其中会有鸟叫、蝉鸣、滴水、海浪、风吹等元素。我们可以由此展开自由的联想，如联想清晨空气清新的竹林、夏日清澈的山间小溪、广阔的草原或大海等。

这样的联想能够让我们的心境发生改变，让我们从心烦意乱的状态逐渐平静下来，并能够慢慢放松，达到减压的效果。

6. 善用幽默：为自己建立“良性适应机制”

当遇到难题或处于困境中时，我们不妨用幽默来帮助自己缓解心理压力，摆脱负面情绪。

幽默是一种解压的好办法。早在柏拉图、亚里士多德所处的时代，人们就认为笑能够矫正偏激、谬误、荒唐的言行。到 16 世纪，幽默（Humor）一词诞生。它最初是指一种不平衡的心理状态或是爱做傻事、引人取笑的习性。现在我们所说的幽默则指的是通过制造认知不平衡引发人们的喜悦感，从而给人带来快乐或愉悦。

心理学家还把幽默看作一种积极的自我防御机制，当我们在充分发挥自己幽默特性的同时，心理压力和负面情绪就会在不知不觉中得到化解。

米涛是一位颇有名气的网络作家。他才华横溢，写出的作品不但在线上有无数拥趸，出版发行后也受到线下读者的热烈欢迎。出版社向他发出举办“读者见面会”的邀请，但米涛暗自发愁，担心读者见到自己的真实相貌后，会对自己十分失望。

原来，米涛并不是读者心目中的“才子”模样。他身高不到 1.6 米，其貌不扬。因为自己的相貌问题，他对去公众场合发言总是拒绝的。这次接到出版社邀请后，他就觉得压力很大，不知该如何面对大众读者。

在读者见面会当天，米涛给自己做了很多“心理建设”，终于鼓起勇气站到了台前。下面的读者看到他的样子，一下子愣住了，场面一时非常尴尬。米涛先是让自己慢慢冷静下来，然后指着高高的话筒，笑着说：“看来主办方没想到我是这么‘迷你’的人。”一句话说完，读者们都被他逗乐了。见此，米涛自己也觉得心情轻松了不少。

接着，他继续对观众们说：“相信大家都想看清我帅气的面容，那么我现在就到台下和大家近距离接触，请大家用雪亮的目光来检阅我吧！”说罢，他还调皮地做了个鬼脸，读者们哄堂大笑……

虽然米涛的形象确实与读者的想象有很大差距，但是当听到他随和的、

幽默的话语后，读者反而对他更加喜爱了。

幽默让米涛适应了充满压力的环境，帮他缓解了紧张情绪，让他在公众面前展现出自己独特的个人魅力，这正是幽默所产生的神奇效果。

如果我们能够用幽默的方式去应对压力或挑战，这些压力看起来就不会那么难以承受。因此，我们很有必要培养自己的幽默感，以建立自己在压力环境下的“良性适应机制”。

◆ 从生活中吸收幽默素材

在生活中，幽默素材比比皆是。比如，影视作品中一些搞笑的片段，报纸杂志和网络上一些充满智慧的幽默段子，亲朋好友无意间说出的幽默话语等都可以成为我们学习的素材。我们用心记住这些素材，在压力较大的时候，就可以用这些素材来宽慰自己。或是将它们讲给别人听，不管是我们还是听者都会感到开心和愉悦，压力自然也会有所减轻。

◆ 自己创造幽默桥段

幽默的本质其实就是认知不平衡。比如，案例中的米涛明知自己长相平平，却故意说大家想要看清他“帅气的面容”，这就是在制造一种认知反差和错位，能够产生幽默的效果，让人听后忍俊不禁。

我们也可以用同样的方法去制造幽默。比如，可以先观察生活中的错位荒谬之处，看看能否把它们包装成为幽默的桥段。慢慢积累不同的桥段，一旦自己遇到尴尬时，就可以用这种错位幽默的桥段来缓和气氛，以此减轻压力和避免尴尬。

◆ 学会自嘲

如果不知道该如何展现幽默，那我们还可以尝试适度自嘲。比如，自身存在某些缺点和不足，我们可以用自嘲来打趣自己。这既是一种变被动为主动的好方法，也是另外一种幽默方式。如此，既能让他人感受到我们宽广的胸襟，又能提升自己强大的内心承受力。在心情不好的时候，自嘲更可以给自己带来安慰，让自己能够远离压力，拥有平静和健康的心态。

需要指出的是，幽默与讽刺、揶揄、低级搞笑不同，自嘲也不等于自轻自贱。因此，我们需要把握好分寸，运用好语言艺术，这样才能让自己感觉轻松、愉快，同时能把欢乐带给他人。

第七章
职场减压，找到平衡人生的工作法

1. 跳出“定好计划又做不完”的死循环

制订计划对于减轻压力很有帮助。如果能够按照计划行事，我们在行动中就不会变得盲目，既能够节约不少时间，也能够提升工作效率。

然而，在实际应用中，很多职场人却遇到了“定好计划，却难以执行”的问题。结果，计划不但没能成为助力，反而成为一种新的心理负担。

程晨发现自己的体重有些超标，便做了一份运动计划，打算通过规律的运动进行减重。

她在做计划的时候非常用心，几乎把每一点能够利用的时间都利用上了。于是，她得到了一份这样的计划。

6:30 起床，做热身，然后运动。运动后，稍事休息。

6:50 洗漱，更衣，吃早餐。

7:30 走路上班，加强锻炼。

8:30—11:50 集中精力工作，每隔半小时起来活动身体，做伸展运动。

12:00 吃午饭，注意控制热量。

12:30 在公司楼下健步走，先慢后快再慢。回公司时走楼梯，以加强锻炼。

13:30—17:30 集中精力工作，每隔半小时起来活动身体，做伸展运动。

17:30 下班，走楼梯下楼。走路回家，加强锻炼。

18:30 准备晚餐，吃饭，洗碗。

19:30—20:30 下楼散步。

20:30—22:00 收拾房间，洗澡。然后，做全身舒展运动。

22:00 睡觉。

程晨看着这份计划，觉得比较满意。不过，她感觉早上起床时间有点儿晚，浪费了一些运动时间。于是，她又将起床时间提前到 6 点，做完热身运动后慢跑 20 分钟，再慢慢走回家。同样，晚上的睡觉时间她也向后推迟了一会儿，在洗澡之前又加上了半个小时的瑜伽或健美操。她心想，按照这样的计划练习下去，不出一个月，肯定能够达到减重目标。

然而，计划虽好，她却没能坚持几天。不是早上起不来，就是中午吃完饭后不想动。哪一天没完成计划，她都觉得心里不舒服。为了逃避这种感觉，她自我安慰道：“我今天实在太累了，暂且偷个懒，明天我一定会严格执行计划。”

可是等到第二天，同样的情况又会出现。她不得不承认，这一次的减

重计划又失败了，这让她心里感到非常沮丧。

程晨在制订计划时虽然很用心，却没有考虑到自己的实际执行能力。她将计划制订得过于复杂，增加了执行的难度，所以很难坚持下去；另外，她的计划在时间安排上也过于紧凑，没有给自己留下喘息的机会，致使自己的身心压力大大增加，让她产生了逃避心理。

我们在制订计划的时候，也会犯同样的错误。为此，我们应当提醒自己不要为了目标而过于心急，也不必追求将所有的时间都挤满，把大大小小的事情都安排妥当。因为这样的计划看似完美，实则没有执行的价值。

那么，我们如何才能制订出易于执行的计划呢？

◆ 确保计划简明、具体

在制订计划时，我们可以参考管理大师彼得·德鲁克提出的“OGSM”简明计划方法。这里的O指的是Objectives（长期目标、使命），是计划应当始终遵守的大方向；G指的是Goals（目标），是制订计划时应当关注的小目标或近期目标；S指的是Strategies（策略），是我们为了达成目标准备采取的策略；M指的是Measures（衡量），也就是衡量上述策略是否有效的指标。

我们在做计划时，只要注意体现“OGSM”就足够了，不必进行过多的描述，这样计划看起来才会更加简单、明了。不过在制定“策略”时，我们要尽量避免用“多学点儿”“多运动一会儿”这样的模糊语句，要给出清晰的量化要求，比如可以使用“至少运动20分钟”“至少做20道练习题”

之类的说法，以更好地指导自己的行动。

◆ 确保目标分解到位

有时候计划难以执行，与目标太大、难度太高也有很大的关系。因此，对于大目标，我们可以将其细化，最好能够转化为具体的指标。然后，再细分各个行动步骤。这样，才能将目标体现为切实可行的行动。

比如，某销售员的年度销售目标是 100 万元，乍看上去，这个数字太大，难以完成。可要是进行了目标分解后，情况就会完全不同。他可以将 100 万元按照季度细分，得到季度销售目标为 25 万元，之后再细分出月度目标 8.33 万元，每个工作日目标约 3800 元，而公司主营产品单价较高，只要卖出 2 单就能够达成每日目标。因此，销售员可以据此制订每日销售 2 单的计划，对他来说压力不算太大，在执行计划时也会很有信心。

◆ 给自己留下一些“弹性时间”

我们都听过“计划赶不上变化”这句话，即使我们制订了充足的计划，也难免会遇到突发情况，致使做好的计划被打乱，让自己手忙脚乱。比如，上级可能会临时安排我们做一些事情，客户可能会突然与我们沟通，家人遇到了困难会突然需要我们帮忙……为了应对这类突发事件，我们要特别注意在做计划时留出一定的弹性时间，具体的时长可以根据自己平时的实际工作和生活情况先进行估算，再合理安排。

拥有了“弹性空间”，我们会感觉自己对人生多了一些控制力。这会让我们变得更加自信、从容，压力也会得以减轻。

2. 牢记“不值得定律”，删除冗余事务

面对繁重的工作，我们除了要做好计划，让自己能够有条不紊地去执行，还可以将计划中的冗余事务果断删除。

这种做法就是心理学上的“不值得定律”。它说的是人们都有一种普遍的心理——如果感觉自己正在从事的是不值得的事情，就不会付出更多的努力去把它做好。哪怕这件事最终能够取得成功，自己也很难从中获得成就感。

在日常工作中，其实有很多“不值得”的事情。我们与其费尽心思去完成它们，还不如忽略它们，把注意力集中在其他更“值得”的事情上。这样更有助于提升我们的掌控力，也能够减少工作中积累的压力。

彭辉在某日化企业的销售部门工作，因为业绩出色，他被公司破格提拔为区域经理。家人、朋友都为他感到高兴，可他却觉得压力很大。

彭辉是一个好胜心较强的人，以前独立完成工作时，他通过对自己严格要求，业绩提升得非常迅速。可现在，要带领一个大的团队共同进步，他感到非常吃力。他认为下属的表现没有达到自己的预期，不满意的同时还感到十足的压力。于是，他平时会花很多时间去观察下属到底有没有按照自己的部署去工作。在观察过程中，一旦发现下属有拖延的情况，或是工作质量达不到要求的时候，他就会烦躁，进而担心整个团队的业绩。

因为对下属不放心，他甚至会放下手头的工作，亲自带着下属跑市场，以便直接了解他们的工作情况。然而，他的付出并没有得到同等的回报。

虽然他每天都在积极地“推动”下属，但是他们的表现还是不能让他满意。与此同时，下属们对他的领导风格也颇有微词，都说他管得太宽、太细，让大家有种喘不过气的感觉。

这样的情况，也直接导致彭辉的团队人员流动率很高。有时，彭辉对某个下属刚刚熟悉一些，下属就选择了辞职或调到其他团队，这也让他感到十分无奈。由于心情过于紧张、焦躁，彭辉发现自己晚上难以入睡，有时睡着了也容易被惊醒，睡眠质量不好。这也让他早上上班无精打采，工作效率也大不如前……

彭辉是一位优秀的员工，却不是一位优秀的管理者。在工作中，他不善于抓大放小，经常会做一些“不值得”的事情。比如，他会把时间和精力用在观察下属的一举一动上，甚至还会陪着员工一起工作，可真正应该由他负责的事务，他却没能处理好。最终，下属对他不信服，领导对他不认可，他自己也背负上了沉重的心理压力，可谓是得不偿失。

其实，彭辉最需要做的就是权衡利弊得失，找出那些“不值得”的事情，将它们从自己的计划中删除。然后，再找到“值得”的事情，并全力以赴地去执行，这样才能找回自己的“节奏”。

那么，在工作中如何找出“不值得”的事情呢？心理学家指出了以下这三种方向，可供我们参考。

◆ 看这件事情是否符合自己的价值观

每个人的价值观不同，对于同一件事的看法也会有所差异。对于那些

符合自己价值观的事情，我们愿意为之付出努力，达到目标后也会感到满足、欣喜；相反，如果一件事情并不符合我们的价值观，在执行时我们就会有抵触心理，也会有很大的压力，还会产生烦躁、焦虑、沮丧、抑郁等负面情绪。因此，我们首先应当找出这类不符合价值观的事情。不管想要制订什么样的工作计划，都要先将这类事情剔除出去。

◆ 看这件事情是否符合自己的性格、喜好

每个人都有自己的性格特点、兴趣爱好，这也会影响到思维方式、行事风格。就像案例中的彭辉性格内向、好胜心强，因此他就喜欢做一些独立性强的工作。当上级安排他做管理工作时，他自然会感觉到极大的压力，在团队中也难以适应。

同样，如果一个人性格外向，沟通能力、组织协调能力都很强，也乐于担任人际关系的纽带，那他就很适合做彭辉的工作，会有一种得心应手的感觉。由此可见，想要知道某件事情是否“值得”，我们也要从自己的性格、喜好出发去考察，对于不符合条件的事情不必勉强接受。

◆ 看这件事情是否符合自己的处境

有时候一件事的价值还会随着自身处境的变化而变化。比如，刚参加工作的职场新人在做一些细节性的工作时，可能会认为这是“不值得”的，进而会持敷衍了事的态度。其实，这是他们没有意识到，做这些工作正是在积累经验、提升技能。等在工作中成长起来之后，再回头看这些工作，就会觉得这一切都是“值得”的。因此，我们在衡量某件事情的价值时，也要注意从长远角度看问题，这样才能得到更加准确的结论。

除了以上几点，我们还要学会估测每件事务的“投入产出比”。比如，有的事务需要我们花费大量的时间和精力。也就是说，这件事的“投入”极高，但我们能够取得的“产出”却微不足道，那它就应当被归入“不值得”的范畴。就像案例中的彭辉亲自带着员工跑市场，“投入”不少，但员工的表现没有起色，团队业绩没有提升，“产出”很不理想，这样的事情就是“不值得”的，应当马上从计划表中划去。如此，才不会浪费自己的时间、精力，也不会给自己增添额外的压力。

3. 不为未完成的事情纠结，提升“清零”能力

在日常工作中，如果因为某种原因不得不中断手头的事情，我们往往会一直想着它，在做其他事情时也会心不在焉，且容易出错。

这种情况可以用心理学上的“蔡格尼克效应”来解释。“蔡格尼克效应”是德国心理学家蔡格尼克深入研究的成果。它揭示了人类天生拥有的“完成驱动力”，也称为“心理张力”。这种力量在人们心中起着推动和驱使的作用，让人们追求任务的完整和结束。然而，当某项任务本应完成，却因某些外部因素被打断时，这种心理张力就会受到挑战。人们往往会因此感到困扰，甚至产生焦虑和不安。他们的心中会难以释怀，总觉得有什么事情没有完成，有一种悬而未决的感觉。

为了更深入地验证这一效应，蔡格尼克不仅设计了实验，还精心挑选了任务种类和难度。他确保每项任务都能引起志愿者的兴趣和好奇心，但

又具有适当的挑战性。实验开始时，他仔细观察了志愿者们的反应，确保他们全身心地投入到任务中。在A组中断任务时，他还特意记录了他们脸上流露出的惊讶和不甘的表情，这些细微的变化都为他后续的分析提供了重要的依据。而对于B组，他则确保他们在完成任务后有一种满足和成就感，为实验结果的对比提供了鲜明的对比。

随后，蔡格尼克对两组志愿者进行了回访，询问他们关于实验任务的记忆情况。结果令人惊讶：A组志愿者能够回忆起高达68%的任务细节，而B组则只有43%。这一发现为“蔡格尼克效应”提供了有力的实证支持：当任务未能完成时，人们对其记忆更加深刻。

英国心理学家约翰·巴德利等人也进行了类似的研究，他们进一步扩展了这一领域的知识。在巴德利的实验中，他要求志愿者在限定时间内解答字谜，但故意在志愿者尚未找到答案时公布正确答案。实验结束后，巴德利发现志愿者对自己未能解出的字谜记忆更为深刻。这一实验不仅再次证明了“蔡格尼克效应”的存在，而且进一步揭示了人们对于未完成任务或未解决问题的高度关注和记忆深度。

这种心理效应在一定程度上推动了人们追求完美的动力，但同时也带来了潜在的负面影响。一方面，有些人可能会因为过分追求任务的完美完成而承受过大的压力，导致情绪紧张、焦虑。另一方面，有些人可能会因为害怕失败而逃避任务，陷入拖延的困境，导致自信心受挫，内心充满沮丧和痛苦。

要想避免这两种结果，我们就要注意提升自己“清零”的能力，不要让未完成的工作长久地占据自己的脑海。为此，我们需要做好以下几点。

◆ 收集脑海中的“未竟之事”

因为蔡格尼克效应的存在，所以我们在工作时脑海中常常会闪现出那些“未竟之事”，顿时压力倍增，也会产生焦虑、烦躁情绪，无法专心当下的工作。

此时，我们可以先将这些没完成的任务写在记事本上，再告诉自己：“这件事我已经记下了，不会忘记的。”这样就能够清理脑中纷乱的思绪，让自己更能集中精力在眼前的任务上。

◆ 编制临时处理方案

随着记事本上的未完成任务逐渐增多，我们可以先找一个比较空闲的时间，将这些任务检索一遍，再进行分类编排，然后给每一类任务制定处理方案。

比如，我们可以将这些任务分成“工作”“生活”等大类，再对每个大类进行细分，如“工作”类的任务可以按照性质分为“需要发起或回复的任务”“等待他人回复的任务”“需要完成或上交的任务”等；也可以按照工作对象分为“与下属有关的任务”“与客户有关的任务”“与其他部门有关的任务”等。

◆ 根据方案展开行动

针对每一个细分的任务，我们要制定出具体的处理方案和行动步骤。比如，对“需要完成或上交的任务”，我们要思考现在是否可以付诸行动，

如果行动的话需要多长时间才能完成。假如该任务需时较少，我们就可以抓紧时间立刻行动，不要再做无效的拖延；但若是某个任务耗时太长，或是目前还不具备完成该任务的条件，我们则应做好日程安排，等待时机成熟时再去完成。

我们可以每天、每周、每月回顾自己所做的方案，将已完成的任务删除，再加入新的未完成任务，然后随时更新日程表。但要注意每隔一段时间，都要给自己留出放松的机会，避免压力和疲惫感无限堆积。至于那些意义不大、不值得完成的事情应当果断放弃，切勿让自己总是沉浸其中，避免造成注意力和精力耗散。

4. 时间压力管理：把握效率、效能是关键

在工作中，我们还有一种经常面临的压力就是时间压力。它让我们总是处于紧张、焦虑的状态，觉得自己没有充足的时间去完成某项任务。

比如，眼看着时间一点点过去，任务推进的速度却非常缓慢，那么压力就会像滚雪球一样越来越大，情绪也会越来越糟糕。

李想最近就因为工作的事情感到十分烦恼。究其根源，原来是前段时间领导将一个有难度的任务分配给他，要求他在五天内完成。当时，李想手头还有别的工作，但领导一再催促，他只好将当时做了一半的工作先放下，然后集中精力在新任务上。

为了督促自己抓紧时间，他还特别做了一份计划表，把这五天的工作

全部安排好。谁知“计划赶不上变化”，第二天领导又突然改变了主意，让他争取提前 2 天交付任务。

李想不得不修改原定计划，延长工作时间，努力加班。可即便是这样，他也没有信心按时完成任务。

随着截止日期逐渐临近，他越来越紧张，情绪越来越烦躁，工作效率也大大下降。每天早上刚开始工作时，他自我感觉还比较有干劲，可一两个小时后，就觉得头脑混沌，思路不够清晰，身体也非常疲惫。他很想彻底放下工作，好好休息一下，但又怕会耽误更多时间……

李想的这种状态就是正处于严重的时间压力之下的状态，他身心极度疲劳，情绪十分压抑，工作受到严重影响。在这种情况下，他不应只顾着忙工作，而是应及时进行反省。最好是对现有的任务重新做出规划，以便更加合理地利用工作时间。这样，他才能更好地将压力转化为动力。

这正是心理学家提出的“时间压力管理”。它能帮助我们管理好时间，提高决策速度和工作效率，可以让我们保持积极情绪，减少工作压力带来的不良影响。以李想为例，他就可以从以下几方面进行“时间压力管理”。

◆ 找到并利用好自己的效率高峰期

李想发现自己在早上刚开始工作时效率最高，随着时间的推移，工作效率会逐渐下降。这说明早上的这段时间是他的效率高峰期，工作时也会感觉精神振奋、头脑清晰、注意力集中。

相反，在效率低谷期，他会感觉精神萎靡、头脑混沌、注意力变差。因此，

他应当把握好效率高峰期，在这段时间内主做那些需要大量脑力和专注力的任务，如此能够达到事半功倍的效果；而在效率低谷期，可以适当休息，也可以做一些难度较低的工作，给自己一个缓解压力的机会。

我们可以根据自己每天的效率情况，找到效率高峰期和效率低谷期，结合实际安排自己的工作任务。根据科学家的研究，很多人在一天之中可能不只有一个效率高峰期。比如，经过清晨的黄金时间后，到了下午 3 点以后或是晚上 7 点以后，大脑又会变得非常活跃，此时工作也能产生较高的效率。因此，我们应当根据自身情况，恰当地分配一天的工作、休息时间，让每一个效率高峰期都能够得到有效的利用。

◆ 利用好琐碎的时间

职场人经常觉得自己的时间不够用。事实上，很多碎片时间被我们在不经意间浪费了。比如，上下班等车的时间、在公司等人的时间、与同事闲聊的时间，还有因无聊刷手机看八卦新闻的时间，等等。这些碎片时间看上去很短暂，但如果加在一起，就会成为一个非常可观的数字。倘若我们能够利用好这些时间，就能让效率倍增，工作压力也会有所减轻。

因此，我们可以先把自己的碎片时间逐一找出来，然后再做好计划，为这些时间安排一些难度较小、不需要深入思考和钻研的任务。比如，当前的主要工作是做一份专业报告，我们就可以利用琐碎时间先搜集资料，再将它们进行整理；等到正式工作时，我们就可以利用这些资料撰写报告，能节省不少时间。

◆ 尝试“番茄钟”时间管理办法

当我们被工作压力压得喘不过气来的时候，不妨尝试一下“番茄钟”法，这是一种“张弛有度”的时间管理方法。这种方法不但能够帮助我们缓解紧张和压力，还能提升我们的专注力和工作效率。

具体进行时，我们不妨以 25 分钟为 1 个“番茄钟”（也可以根据自己的实际情况，调整番茄钟的时长），在这 25 分钟内我们必须保持专心致志，不能随意分心。时间到后，我们就要立即停止工作，让自己休息 5 分钟。然后，再开始下一个“番茄钟”。如果已经连续完成了 4 个“番茄钟”，我们还要给自己安排一个休息时间，以免大脑过度疲劳。

也许，刚开始采用“番茄钟”工作法时，我们可能会觉得不太习惯，但随着练习的次数增多，我们对“番茄钟”会越来越适应，工作效率的提升也会越发明显。

当然，时间压力管理的方法还有很多，我们可以在工作中不断思考、改进，找到属于自己的一套思路。如此，我们才能轻松驾驭各种烦琐的任务。

5. 制造“正面反馈”：走出恐惧失败的拖延状态

拖延是让许多职场人备受困扰的一大难题。工作中，明知拖延对自己有害，却又不断找理由逃避、敷衍。在这个过程中，我们心中会产生强烈的自责、焦虑情绪，心理压力也会越来越大。

拖延的根源多种多样，但有一种特别值得我们注意，那就是因为害怕失败而引发的拖延。在过去的工作中，我们有过失败的经历，并且引发了

比较严重的后果，给自己留下了心理阴影，那么，以后再遇到类似的工作时，就会不由自主地产生恐惧心理，继而就会用拖延的办法来逃避工作。

宋珏最近跳槽到了一家新公司，在市场部担任助理。全新的工作环境让她感觉有点儿不太适应，再加上手头要处理的事务较多，这让她一时有了手忙脚乱的感觉。

这天一大早，宋珏如常地坐在电脑桌前准备开始工作。可是，当她看到那份只写了一个标题的市场分析报告时，眉头不由自主地就皱了起来。这份报告是上司要求她一定要在本周五之前上交的。她知道这个任务非常重要，很可能会影响上司对自己的评价，但她确实不擅长写报告。在之前的公司，她因为这个问题没少挨上级的批评。没想到来到新公司后，还是要面对那一大堆枯燥的数字和表格，她感觉十分无奈。

她看着那份报告，心里在想："要是这次不能把报告写好，领导一定会对我很失望，那我在新公司就无法立足了，以后该怎么办呢？"

带着这样的想法，她没有办法专心工作，却又不得不强迫自己坐在办公桌前，感觉十分痛苦。恰好这时有个朋友发来了一条微信，她像获得大赦似的，赶紧抓起手机看了起来。她跟朋友聊了一会儿天，又刷了会儿微博，不知不觉，就浪费了一个小时的时间。

宋珏知道自己不该再拖下去了，只好逼着自己放下手机，回到电脑旁。可是她好不容易绞尽脑汁敲下了几行字，心里又开始烦躁不安……

宋珏在过去的工作中遭遇了“失败”，无法忘却那件事带给她的痛苦。现在又遇到了类似的压力情境，她就会在潜意识中认为自己没有能力解决。因此，她为了缓解自己的痛苦，放任自己去做了一些“理所应当”的事情。可是，拖延的每一刻，实际上都是在加重恐惧和压力，让她越来越焦虑不安。

想要解决这种拖延问题，心理学家建议我们可以用“正面反馈”法，也就是要从工作中获得积极的、快乐的感受，这样才能战胜对失败的恐惧，有助于避免拖延、减轻压力。

那么，我们该如何在工作中制造“正面反馈”呢？

◆ 改变自己对工作的看法

如果不喜欢自己正在做的工作，难免会像案例中的宋珏这样，采用拖延的方法让自己逃避现实，但是逃避又会加重恐惧感和心理压力，从而形成一种恶性循环。

想要打破恶性循环，我们首先要改变自己对工作的看法。比如，宋珏本来不喜欢写数据报告，但她可以这样想，如果自己能够厘清那些复杂的数据关系，就能够提升自己的分析能力、调研能力，可以更加胜任新职位，也更能赢得领导和同事们的认可。如此，她就不会认为这项工作是可怕的负担。相反，她还能充分利用时间把工作做到尽善尽美。

◆ 对自己进行积极的心理暗示

有拖延问题的人常常会不由自主地给自己找理由“放松”一会儿，但这种放松其实就是一种逃避。压力看似消失了，但如果重新回到工作中，各种压力问题会瞬间爆发。

因此，当产生“放松”的想法后，我们就要赶紧给自己做一个积极的心理暗示：“先把手头的这个任务处理完，我就奖励自己去看一部最新上映的电影。”这样一来，消极情绪就会被期待感替代，我们也就能摒弃多余的想法，安心地好好工作。

当然，如果我们要处理的任务一时半会儿不能彻底结束。那么，为了避免压力堆积，我们不妨将任务拆分为几个节点，并在每个节点给自己安排一个“即时反馈”。比如，我们可以把大任务拆分为一个个小任务，每完成一个小任务就做一个标记，等标记累积到一定数量时，就可以兑换自己喜欢的物质奖励；再如，我们可以把自己认真工作的样子拍下来，或是画成漫画，发在朋友圈，再简单描述一下自己的努力情况，在获得了亲人、朋友的点赞后，我们也会感到非常满足、愉悦，这也是一种无形的正面反馈，能够推动我们停止拖延。

◆ 在工作中发现乐趣和“幸福感”

“幸福感”其实是一种很主观的感觉，当我们内心压抑、痛苦的时候，周围的人和事都会让我们觉得不顺眼，内心也会充满负面情绪。可当从乐观的角度看待同样的问题时，我们就会发现工作中处处都有幸福和快乐。比如，完成了一个小小的目标，想到了一个绝妙的创意，获得了上级的一次嘉奖，与同事分享了一件开心的事情……

这些都是让人感觉愉悦的体验，只不过我们可能没有特别留意，才没有发现它们。因此，我们要学会去发现工作中的幸福感，这样才会让自己乐在其中，不再拖延。幸福快乐地工作，压力也自然会随之减轻。

6. 强化“边界意识”：在工作与生活间树立起“界限”

我们的生活离不开“边界”。它让我们能够保有自己的私人空间，也能够控制我们与他人之间的心理距离，既有助于增强安全感，也有利于减少心理压力。

在工作和生活中，我们也应有“边界意识”。特别是要在工作和生活间树立起必要的界限，它会成为我们的“个人防火墙”，让我们不会为了永远完不成的工作任务疲于奔命。

29 岁的陈华是一名程序员，平时工作任务非常繁重，几乎每天都要加班。有时他好不容易将手头的任务处理好，以为可以按时下班，但看到同事们都还在加班，他也不好意思独自离开，只好无奈地留下……

最近陈华参加的项目即将交付，每天的工作量比平时增加了一倍多。陈华一连二十多天都没有休息，整日加班加点测试数据，好不容易忙出了眉目，准备回家好好休息一天。可刚到家，项目组长就打来电话，让他帮忙解决一个问题。

陈华本可以拒绝，但又担心会影响整个项目的进度，便决定牺牲休息时间，尽快解决问题。可是在家工作，他很难进入专注的状态，工作效率极低，一小段程序直到深夜才完成。

关上电脑后，他觉得头晕、乏力，十分难受，当晚的睡眠也受到了影响。没有休息好，第二天精神状态自然很差，心情也很糟糕。陈华对自己的状

态很不满意，想着自己以前是那么朝气蓬勃、积极乐观，很少会对工作产生抱怨和不满。可现在一接到新任务，他就会烦躁，还常常会因为鸡毛蒜皮的小事生闷气，以至于经常感觉胸口堵得慌……

陈华被繁忙的工作压得喘不过气来，手头永远有处理不完的任务。虽然身心已经非常疲惫，却不能安心休息。另外，他还很在乎别人的看法，看到同事们都在加班，自己不想表现得“不合群”，便继续留在办公室里。

对他来说，工作和生活之间的界限早已模糊不清。他会在家里很自然地打开电脑，继续处理工作上的问题。可是，这种做法让他无法得到充分的休息，平时消耗的精力也难以恢复，不仅身体不舒服，心理压力也越来越大。

这个例子提醒我们，应该为工作和生活划出清楚的“界限”，不要让工作肆意侵占自己的生活领域和私人时间。这里所说的“界限”包括以下两种。

第一，有形的地域界限，即按时上班、到点下班，平时只在办公室里处理工作事宜，使工作场所和生活区域截然分开。

第二，无形的心理界限，即工作时应当全身心投入，不要牵挂生活琐事；下班后则要暂时忘记自己作为“职场人”的身份，让心灵可以从工作压力中解脱出来。

拥有了“界限”，我们就知道该在什么时间停止工作，什么时间去享受生活。这样，我们才能缓解在工作中积累的压力，也给自己一个“缓冲”

的机会，以便我们能够以更加饱满的精神状态投入新的工作中去。不仅如此，“界限”还能让我们有更多的时间和精力打理自己的生活，处理好与亲人、爱人、朋友之间的关系，便于建立自己的社会支持网络。

那么，我们该如何建立并维护“界限”呢？

◆合理规划工作时间

为了避免工作时间无限延长，我们可以在每晚临睡前对第二天的工作进行合理的安排，再列出清单。这可以帮我们弄清楚哪些是必须完成的工作，哪些是可以暂缓解决的工作，哪些是没有必要浪费时间去做的工作。到了第二天，我们可以先把“必须完成的工作”写在便签纸上，再贴在自己眼前的电脑边，每做完一项，就可以撕掉一张便签纸，这样就能够更加直观地掌握自己的工作进度。

当然，有时我们也会遇到一些意外情况。比如，在上班时间快要结束时，突然接到了临时加派的任务，不得不加班。此时，我们就要学会集中精力、高效工作，以尽可能缩短加班时间，减少对生活时间的挤占。

◆尽量不要把工作带回家做

多伦多大学的心理学家斯科特·席曼等人通过研究发现，那些让工作渗透进家庭生活的人常常要承受更多的心理压力，容易引发愤怒、焦虑等负面情绪，也会让家庭氛围变得非常紧张。

因此，我们最好还是将工作留在办公室。如果离开了工作场所，回到家庭之后，就不要再牵挂没完成的工作，而是要学会高质量的休息，以免影响第二天的工作。

◆ 知道自己的“极限”在哪里

在工作中要知道自己的“极限”在哪里，要守住这条底线，不要轻易越过。

所谓“极限”，就是工作状态从好到不好的那个临界点。在极限之下，我们的思维非常活跃，注意力非常集中，精力也很充沛，工作效率较高。但要是超过了极限，我们的注意力、精力会大幅衰减，倘若此时还要勉强自己进行工作，不但工作效率不高，还会损害身心健康，也会给自己造成极大的压力。

由于每个人的生理特征、心理特征不同，极限也会有较大差异。所以，我们可以观察自己平时的工作状态，大概找出“极限”在哪里。平时给自己安排工作任务时，也要考虑极限的存在，尽量避免超负荷工作。

◆ 用“仪式感”帮自己建立界限

我们在下班后可以给自己举行一个“结束”仪式，让大脑接收到“停止工作”的信号，自己已经准备好迎接属于自己的生活时间了。

这样的仪式不必太复杂，我们可以安排一些能够让自己放松的事情，如冥想十分钟、做一做健身运动等。这些活动既能帮助我们减压，也能够成为工作与生活之间的良好“过渡”，还可以让我们更加清楚地意识到“界限”的存在。

◆ 给自己创造“休闲时光”

工作压力大的时候，我们可以有意识地为自己创造休闲时光，以便调整心态、减轻压力。

比如，在午休时间我们可以去公园绿地休息片刻，让疲倦的身心逐渐放松；在下午茶时间，我们可以邀请要好的同事，去茶水间喝杯咖啡，闲聊片刻；到了节假日，我们还可以给自己一个独处的机会，如此可以为心灵减负。再如，我们可以去图书馆阅读书籍，去郊外的河边钓鱼游玩，或是听一听节奏较慢、旋律优美的轻音乐。这些活动不但能够让我们汲取到不少“精神营养”，还能达到减压的目的。

总之，我们只有不断地强化边界意识，找到最合适的界限，才能在享受工作带来的成就感的同时，还能够在生活中品尝快乐、幸福的滋味。

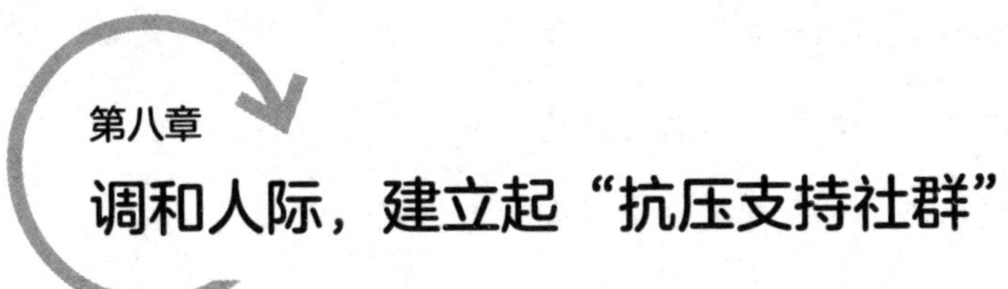

第八章 调和人际，建立起“抗压支持社群”

1. 描绘人际关系网，定位“人际压力源”

生活在社会中的人们，为了满足各方面的需求，会与他人交往、交流，并建立起各种各样的关系，形成了一张巨大的人际关系网。

在这张关系网中，有的关系不仅能够让我们获得有价值的信息，还能为我们提供情感慰藉和个人发展的助力。我们也可以从中汲取心灵的“能量”，有助于保持身心愉快、心态积极。

然而，有一些关系却对我们的成长无益。不仅如此，它们还会成为“人际压力源”，会给我们造成很多负面影响。

刘琴是一名公务员，在单位工作已有九个年头。这些年来，刘琴一直恪守本分，兢兢业业地工作，为单位做了不少贡献，却一直没能获得提拔。

刘琴的顶头上司脾气很差，经常不做沟通，就把大量工作丢给下属。

刘琴牺牲自己的休息时间，按时完成了任务，上司却连一句赞赏的话都没有。可要是她不小心做错了事，却会被上司狠狠训斥一番，而且上司说话很不客气，经常把她说得一无是处，让她觉得十分难过。最让她无法接受的是，明明是她和其他同事辛苦做完的工作，却成了上司一个人的功劳。看到他独享奖励，大家都觉得非常气愤，却敢怒不敢言。

刘琴也曾想过离开单位，可她实在舍不得公务员岗位，加上自己年龄渐大，担心会找不到合适的工作，所以只好默默忍受。时间长了，她的状态变得越来越差，脾气也越来越暴躁，经常把怨气往丈夫、孩子身上撒。而且她变得非常自卑，连同学会都不敢去参加。她在大学里的表现非常优秀，是同学们眼中的才女，可现在却总是怀疑自己的能力，觉得自己在各方面都比不上同学们，无颜面对他们……

糟糕的职场人际关系摧毁了刘琴的自信心，还带给了她难以忍受的压力，让她变得自卑、消沉，也容易烦躁、发火，甚至影响了家庭关系的和谐。

根据心理学家亨利·克劳德博士的理论，刘琴遇到的是一种不健康的人际关系，即“削弱性的关系”。在与上司相处时，刘琴不断遭到贬低和打压，长期处于被削弱的状态，心理压力极大。久而久之，对方灌输的信念会深入她的认知，让她错以为自己就是“不够好”或“低人一等”。与此同时，她在其他关系中也会不由自主地进入心理防御状态，不愿积极地与人接触，也不敢冒险尝试新的事物，因为她害怕自己会出错，会被别人讨厌、嘲笑。

除了这种削弱性的关系，会给我们带来压力的人际关系还有以下两大类。

第一，孤立的关系，指的是在人际关系中，我们愿意向对方付出情感，与对方建立“链接”，但对方不愿做出回应，这会使我们感到非常孤独、难过。

第二，虚假的良好关系，指的是在人际关系中，我们虽然能够得到对方虚假的恭维、夸赞，却无法获得任何实质性的帮助。在短时间内，我们可能会觉得这是一段良好的关系，会让自己感觉非常愉快，可时间长了，我们就会只听得进积极的评价，却无法接受逆耳的忠言。一旦遇到现实挫折，我们会重新看到真相，但常常接受不了这种落差，会感到非常痛苦、沮丧。

那么，在人际关系网中，我们如何才能发现这些“人际压力源”呢？克劳德博士认为，我们可以从以下几个因素进行评判。

◆ 理解与换位思考

在一段良好的人际关系中，双方之间的关系应当是平等的，彼此能够互相尊重、互相理解。我们可以从这一点去评价这段关系，看看对方能不能很好地理解我们的想法和情感；在双方意见不一致的时候，对方能否站在我们的角度思考问题。

◆ 交往目的

我们还可以从对方的各种表现出发，评判一下对方与我们建立关系的目的是什么。看看对方是出于完全的善意与我们接触，还是有一些其他的目的。当然，这种评判不能过于主观，我们应该多了解一些信息，还可以听听自己信任的第三方的意见。

◆ 鼓励和建议

我们也可以回顾过去与对方相处的时候，有没有得到对方良好的建议和真诚的鼓励。在一段健康的关系中，对方会对我们做出客观的评价。对我们做得好的地方，对方会给予赞美而不是虚伪的奉承；对我们做得不好的地方，对方会提出批评和建议，但不会过度打压、贬低我们；在我们失去信心的时候，对方也会给予及时的鼓励，而不是说一些不痛不痒的安慰话。

◆ 过往关系记录

我们还可以了解一下对方过去与人相处时表现出的态度和行为模式，以更好地评价这段关系。比如，对方是一个真诚善良的人，在与人相处时能够尊重他人，不吝惜提供帮助和支持，也得到了他人的信任和赞赏，那我们对这段关系就可以抱有更大的信心。

总之，健康的人际关系既能够给我们带来积极的情感体验，也会帮助我们成长。我们应当珍惜这样的关系，并要努力维护。至于那些会给我们带来持续性压力和打击的关系，我们则要尽可能地远离。如果受困于实际条件，无法中断这种关系，我们也要学会表达自己的情绪和需要，避免心理压力不断增加。

2. 突破“防御心理”，打造积极的人际环境

我们每个人天生就有一种自我保护的心理，特别是在面对富有压力的紧张情境时，为了摆脱烦恼，减少内心的不安、焦虑，我们就会表现出各

种各样的“防御行为”，这种情况就是心理学家所说的“防御心理”。

在人际交往中，过强的防御心理会影响我们与他人顺利地建立情感联系。在他人眼中，我们会显得紧张、畏缩，而在与人沟通时又不愿意敞开心扉，有时甚至会表现出莫名其妙的敌意，所以人们会不喜欢与我们交往。而我们要时刻保持高度警惕的防御姿态，也会让自己感觉精神疲倦、压力很大。

19 岁的王鹏是一名大一新生，他的家庭经济条件较差。入校后，他自认为和同学们的差距太大，不太愿意和人交往。

在寝室里，王鹏的生活非常简朴，而几位室友却打扮时尚，花钱大手大脚。王鹏认为他们会瞧不起自己，嘲笑自己没见过世面，所以平时尽量独来独往。但他看到室友们结伴同行、有说有笑，内心又觉得很失落、很难过。

和室友相处不融洽，已经让他感到十分烦恼，但没想到正式开课后，他又遇到了更加尴尬的事情。他们专业开设了计算机课程，但他以前没有机会接触电脑，连开机、关机都不知道该如何操作。他也不好意思请教老师，只能偷偷地观察同学是怎么操作的，再照着样子去做。可成功开机后，他才意识到自己还有太多东西要学，而身边的同学却已经自如地登入系统，开始查询资料、做作业。那一刻他沮丧到了极点，只觉得同学们都在笑话自己的笨拙。老师在一旁讲解着什么，他却一句都听不进去。

从那以后，他变得更加孤僻，走进教室都不敢抬头看人，晚上一直待在自习室，估计室友都睡觉了，他才会回寝室。他的精神状态越来越差，心里总是觉得闷闷的。特别是在上计算机课的时候，他会觉得非常紧张、烦躁，脸上、手心里都是汗水。

有次上课时，一名同学见他一直对着电脑发呆，没有及时操作，便在他的键盘上敲了一行代码，帮他解决了问题。同学本是出于好意做这件事，他却认为这是一种变相的羞辱，不但生气地瞪了同学一眼，还把电脑关掉了……

在王鹏身上，就出现了过度的防御心理，这让他总是显得紧张、不安。他会从消极的角度解释别人对自己的看法，因而会对他人持强烈的排斥、抵抗态度，也无法接受他人的示好。这会让他无法拥有正常的人际关系，也会让他的心理压力进一步加剧。

至于过度防御心理的产生，可能与自身性格、家庭和教育因素、过去的交往经历有关。比如，性格过于敏感，缺乏安全感，常常无中生有地认为别人是在“攻击”自己，所以会不由自主地呈现“防御”状态；再如，家庭经济条件较差，物质需求长期得不到满足，又没有得到长辈正确的引导，导致产生了自卑心理，不愿意主动与人建立关系；又如，在过去的人际交往中有失败的体验，造成了“心理阴影”，使得日后在与人相处时也会表现得冷漠、多疑、有敌意。

想要改变不良现状，减少人际关系不和谐带来的压力，我们就一定要突破这种防御心理，而这可以从以下几点进行。

◆ 转变自己对人际交往的看法

防御心理会让我们的思维变得消极，使我们更加关注人际交往带来的心理压力，并会将社交视为不得不去完成的某种任务。

为此，心理学家建议我们换个角度看待人际关系，不要总是觉得社交是一种负担，而应该思考良好的人际关系能够给自己带来哪些收获。比如，可以带给我们快乐的体验，满足我们的情感需求，让我们赢得高价值的人脉，并可以因此获得宝贵的机遇，等等。

在平时的人际交往中，我们就可以用这样的方法转变观念、调整心态。比如，在接到一个活动邀请后，防御心理过强的人可能会这样想：“我一点儿都不想去参加这个活动，那里也不会有人真的喜欢我，想要和我成为朋友。”这样的观念无疑会影响他在活动中的表现。

可如果他转变看法，这样对自己说：“或许这个活动是很有意思的，我会认识一些新朋友，也许他们之中就有和我志同道合的人。说不定，我还能够获得一些不错的机会，让我的事业能够顺利拓展。”带着这种积极的看法，他在交往中会变得热情、开朗、主动，也会更受他人的欢迎。

◆ 找到与对方的“共同之处”

为了减轻防御心理，在与人交往前，我们还可以试着思考一下自己与他人之间有没有“共同点”。

比如，我们与他人有共同的兴趣爱好，对某些问题有共同的看法，对于某些事情有“共同的利益”，等等。在交往时，我们可以将注意力集中于这部分共同点上，就会觉得对方更加亲切，自己也会不自觉地减少很多敌意，交流才会进行得更加深入。

◆ 思考自己给对方带来的“价值”

如果我们实在找不到“共同利益”，也可以开始思考自己能够给对方带来什么样的价值。这样的思考也能够消除防御心理——我们会发现自己在他人眼中其实没有那么糟糕，他人也渴望与我们建立联系，而我们只需要放松戒备，打开紧闭的心门，向他人展露交往的意愿，就能让双方之间的关系发生明显改善。

总之，我们应当突破防御心理，鼓励自己大胆地展开人际交往，这样才能营造出积极的人际环境，而不会在人际交往中感到重重压力。

3. 学会说“不”，别勉强自己做个“取悦者”

在他人想要让你承担一些分外的责任，或是要求你做一些不想做的事情时，你会果断地说“不”吗？

说“不”看似简单，但有的人却会有难以启齿的感觉，因为他们很在乎别人对自己的评价，所以会不由自主地讨好、迎合他人。在心理学上，这种情况被称为“讨好型人格”，有这种人格特质的人则被称为“讨好者”“取悦者”。

在取悦者的内心深处，对他人的过分要求其实是非常抗拒的，可他们又不由自主地强迫自己去取悦别人，这种矛盾的心理会引发强烈的压力，让他们觉得自己“活得很累”。

唐菲是一个文静、腼腆的女孩。她长相并不出众，也不善言谈，与人交往时总有些缺乏自信。她平时很在意人们对她的看法，特别害怕大家会不喜欢她。

在家的时候，她习惯听从家人的意见。每天做饭前，她会问问家人想吃什么，然后会做一些家人爱吃的菜肴，却很少会满足她自己的口味；外出游玩时，家人选择了她不太喜欢的景点，她也不会提出异议。

在单位的时候，她对谁都毕恭毕敬，用词礼貌而委婉，生怕有哪句话说得不好，就会得罪他人；为了让自己显得“合群”一些，她甚至会附和同事提出的不太合理的观点；有同事以过于劳累为由，把属于自己的任务推给她做，她虽然很不高兴，却也不会开口拒绝。

有次她帮同事写的报告特别精彩，赢得了领导的赞赏，可那位同事却将功劳全部揽到自己身上，没有在领导面前提起她的名字。她知道后非常生气，但又不敢去找同事理论，害怕同事会说她是个“斤斤计较”的人。

但她又无法将这件事彻底忘掉，只觉得心中十分憋闷，又无法找人诉说，只能躲到楼梯间大哭一场……

唐菲就是一个典型的“取悦者”。她性格温顺、随和，又很在乎别人的感受，从来不敢拒绝别人的请求，总是尽自己所能去满足别人，结果却给自己带来了痛苦和压力。

之所以会出现这样的情况，是因为她在认知、行为、情感方面都产生了一定的偏差。

在认知方面，像唐菲这样的取悦者对个人价值的认知是扭曲的，他们的价值感没有建立在“自我实现”上，而是建立在“我能够为他人付出多少”上。他们特别希望别人能够认可自己的付出，如果听到别人说一句“你可真是帮了我的大忙”“没有你我该怎么办”，他们就会感到极度满足。

在行为方面，取悦者具有惯性行为特点，他们往往会将答应他人当成一件很自然的事情。当别人提出各种要求时，他们甚至不会考虑自己能不能做到，就会开口同意并付诸行动，由此表现出一种近乎强迫式的取悦行为。

在情感方面，取悦者总认为自己要为他人的情绪感受负责。比如，想要拒绝他人的时候，他们就会自动想象对方会有多么沮丧、多么生气，这会让他们感到非常不安，为了逃避这种感受，他们宁愿向对方说“好”。

了解了取悦者的心理机制，我们可以从以下几个方面找回自我意志，减少不必要的心理压力。

◆ 重建对自我价值的认知

在一段关系中，取悦者总是无法平等地与对方交往，他们会把自己放到很低的位置，甚至会觉得自己的需要、自身的价值不值一提。

在进行自我调整时，我们要注意扭转这种错误的认知，要时刻提醒自己：“我是非常重要的”“我的需求也有得到满足的权利”“我需要的是一段彼此平等的关系，而不是让自己低到尘埃里”。

我们可以经常对自己重复这些话语，最好能够将它们牢牢地记在心里，有空的时候还可以将它们写下来以加深印象、强化认知，有助于逐渐摆脱

“取悦者”的思维方式。

◆ 分清想象中和现实中的他人情感

取悦者往往有较强的“移情能力”，他们会对他人被拒绝的痛苦感同身受，并会进行错误的“归因”，认为这一切都是自己的行为所致，继而会产生强烈的内疚感和羞愧感。

其实在被拒绝后，对方的感受可能并没有我们想象的那么糟糕，所以我们应当停止对对方情感的揣测，不要让自己变得过度敏感。

另外，在拒绝他人时，我们可以多向对方陈述自己遇到的实际困难，让对方明白我们确有苦衷；此外，我们既可以向对方表示同情、安慰之意，也可以为对方出谋划策，启发对方自行摆脱难关。这类友善的应对方式不但能够冲淡拒绝带来的不快，也能够减少我们的心理压力。

◆ 避免不假思索地说“好”

习惯性“取悦者”还需要进行长期的行为调整。心理学家建议，在脱口而出答应他人的请求前，不妨有意地拖延一下时间。比如，可以对对方这样说：“我不确定能不能做这个，要不我晚点儿给你答复，好吗？”这样的拖延可以给我们留下一个缓冲的机会，使我们不必直面拒绝的尴尬。

我们可以按照上述这些方法进行调整，久而久之，便可以摆脱“取悦者”的角色，并能学会自如地表达自己的需求、意愿，让自己拥有更加轻松自由的人生。

4. 学会“登门槛”，减少求人时的心理压力

寻求帮助本是生活中非常常见的行为，但有一部分人对“求人”异常抗拒，即使身处困难之中，急需亲人、朋友、同事、熟人的帮助，他们也不会轻易开口。他们会勉强自己去应对超越自己能力的事情，而这无疑会造成很多不必要的压力。

之所以会出现这样的情况，是因为这类人的抗压能力较差，他们担心开口求人会遭到拒绝，同时会暴露自己的“短板”，会让别人看不起自己。为了避免这些不愉快的或非常尴尬的“压力体验”，他们就会逃避求人。

其实，求人并没有他们想象的那么困难。心理学家曾经提出过一条“登门槛效应”，既能够降低求人的难度，也能够减少我们在求人时产生的心理压力。

所谓“登门槛效应”，就是先向对方提出一个微不足道的要求，这样对方更容易接受，自己也不会有难以启齿的感觉；接下来，我们可以一步一步提出更大的要求，对方一般也不会拒绝。

这条效应的提出者是美国社会心理学家弗里德曼。他在 1966 年做了一系列关于“登门槛效应”的实验。

在第一个实验中，弗里德曼先让研究人员打扮成销售员，随机访问了一组家庭主妇，询问她们能否将一个小招牌挂在她们家的窗户上。这个要求无足轻重，主妇们没怎么思考就同意了。

过了一段时间，研究人员再次来访，询问这组主妇能否将一个更大的、

不太美观的招牌放置在她家的庭院里。这个要求略有些过分，但还是有超过半数的主妇表示同意。

稍后，研究人员对另一组主妇进行了访问，他直接询问她们是否可以放置那块大且不美观的招牌，结果超过80%的主妇当场拒绝了他，有的主妇还直接将他赶出了庭院。

在第二个实验中，弗里德曼来到一个居民区，请求在住户门口树立“小心驾驶”的警示牌，有83%的居民当场拒绝了这个请求；可是在另一个居民区，弗里德曼先对居民们进行了交通安全的宣讲，并请求他们在一张“保障城市交通安全”的请愿书上签字，大多数居民爽快地留下了自己的名字。过了几周，弗里德曼找到签过字的居民，问他们是否同意竖立警示牌，他们全部表示赞成。

弗里德曼对这两个实验进行了分析，他认为人们普遍不愿意接受他人提出的有难度的要求，因为这会让自己付出很多时间和精力。但如果我们的请求只是一些无足轻重的小事，人们则会倾向于同意这种要求，而这会让他们产生一种良好的自我认知（觉得自己是一个善良的人、一个富有社会公德心的人等），使他们感到心情愉悦。此时，我们继续提出更大的要求，人们为了避免出现认知上的不协调，也为了给我们留下前后一致的好印象，就会有很大可能接受此要求，这就是“登门槛效应”的秘密所在。

在工作和生活中，“登门槛效应”的应用场景并不少见。比如，我们想要说服顾客购买某款商品，却又不想过于直白地进行推销，就可以先提出一个小的要求，如“您是否愿意了解一下这款产品的新功能”，同时可以向顾客展示产品的诱人之处，顾客便会自然而然地接受我们的小要求。待顾客对产品产生兴趣后，我们可以逐步升级要求，最终顾客便会顺理成章地同意购买。

同样，如果想要请求他人帮忙完成一个比较棘手的任务，也可以先从难度低的小任务开始，对于这种“举手之劳”，对方自然不会拒绝，我们也不会有太大的心理压力；等到小任务完成后，我们应当诚恳地向对方表示感谢，还可以对他们的能力进行肯定和赞扬，然后顺势提出难度更大的要求，对方一般不会推诿拒绝，我们的预期目标也更容易实现。

需要指出的是，采用“登门槛效应”求人，也要考虑对方的实际条件是否允许，不能故意强人所难提出超越对方能力的要求。

另外，人际关系讲究“有来有往”，我们不能一味地向对方索取，不管大事小事都想找对方解决，自己却不肯有丝毫付出，这只会让对方感觉非常心寒。所以，我们应当克制自己的需求，同时要随时做好帮助他人的心理准备。如果收到了别人的求助，只要是自己能力范围内的事情，就应当及时伸出援手，这样更有利于打造和谐的人际关系，也会让我们在工作中更加轻松和得心应手。

5. 直面人际冲突，不让压力持续积累

人际冲突是交往中无法避免的问题，也是人际压力的一大来源。在与他人发生矛盾和冲突时，我们的身心会处于高度警觉状态，内心也会充斥

着紧张、焦虑、愤怒等负面情绪。

随着冲突不断加剧，我们感受到的压力也会不断升级，很容易引发情绪失控，更可导致双方关系的破裂。

30 岁的李娜在某机关单位工作。她性格内向，不太擅长与同事打交道。她总觉得大家都不喜欢自己，所以很少会主动找人攀谈。

一个月前，李娜在与一位女同事协调工作任务时，误解了对方的意思，和对方争吵起来。但因为口才不佳，她在争执中落了下风，最后还不得不在领导的要求下向女同事承认了错误。

事后她不时回想起这一幕，觉得十分委屈、难过，还偷偷哭了好几次，一边哭一边抱怨“同事欺负人、领导态度不公”。哭过之后，她的坏心情不但没能得到改善，反而有越来越严重的趋势。

最近，她开始出现失眠问题，晚上上床后一闭上眼睛，眼前就会自动浮现出争吵时的画面，让她更加烦躁。白天工作时，她的注意力无法集中，记忆力似乎也变差了，工作效率大不如前。她把这一切都归咎于那位女同事“太霸道”，每次见到对方，她都会露出气愤的表情，也不和对方说话，其他同事看到了，都在背后说她“心眼太小”。

发生人际冲突本来是一件很正常的事情，如果处理得当，就不会造成严重的负面影响。但李娜显然不擅长解决人际矛盾和冲突，她将一切问题都归咎于他人，却不肯进行积极的反省，也不愿修复受损的人际关系，致使小问题变得越来越严重，也给自己造成了巨大的心理压力。

那么，在遇到人际冲突时，我们该如何处理，才能避免出现这种情况呢？

◆ 直面人际冲突

一提到人际冲突，我们就会有一种抗拒心理，觉得冲突带来的都是不好的结果。但心理学家告诉我们，人际冲突有时也会产生积极的影响。比如，在冲突中，平时积累的负面情绪能够得到一定的释放，一些误会也能得到澄清，最终双方可以化解积怨、重归于好。所以，我们不必把冲突看成非常严重的事情，也不用刻意回避，而应勇敢地面对冲突，把它当成一个解决问题的契机，这样的想法会让自己的态度发生潜移默化的改变，情绪也不会变得过于激动。

◆ 深入寻找冲突根源

心理学家布瑞克等人将人际冲突分为三个层次，也为我们揭示了各种冲突的根源。

（1）特定行为冲突：指的是双方因为对某个具体问题存在不同意见而产生的冲突。比如，夫妻俩看电视时，一个想看体育频道，一个想看娱乐频道，由此发生的冲突就属于这一类，这也是比较浅层次的冲突。

（2）关系原则或角色冲突：指的是双方对于关系中各自权利和义务的认识存在分歧，或是对各自的角色看法不同，也容易引发冲突。比如，在一个部门里，员工未能按时完成一个有难度的任务，上级认为员工没能做好本职工作，员工却认为上级提出的要求太高，双方发生的冲突就属于这一类冲突。

（3）性格与态度冲突：指的是双方因性格不合、价值观存在差异等原因引起的冲突，属于深层次的冲突，涉及的因素更多，矛盾更加复杂，解决的难度更高。

出现人际冲突时，我们需要确定它究竟属于哪一个层次。如果是第一层次，我们可以针对具体问题想办法达成意见一致；如果属于第二层次，我们则要梳理好双方的责权范围，明确自己应该做到的事情；如果是第三层次的冲突，我们就需要把握“求同存异”的原则，尽可能理解对方的想法，避免与之对抗，同时要想办法寻找双赢的解决方式。

◆ 正确处理人际冲突

在发生冲突时，我们要学会“就事论事”，也就是要将注意力集中于引发矛盾的事件本身，而不要去攻击对方的性格、品质，也不要胡乱揣测对方的动机，更不能随意地“翻旧账”，以免将矛盾扩大化。

如果双方之间发生了激烈冲突，给自己造成了严重的心理压力，情绪也非常激动，此时我们可以暂时离开冲突现场，给自己的情绪“降降温”，避免在盛怒之下出现攻击性的语言和行为。

对于难以调和的冲突，我们还可以引入中立的第三方帮忙调解矛盾，让双方能够心平气和地展开理性对谈，有助于解决问题。

此外，在双方达成共识，不再冲突后，我们还应当主动向对方示好，以修复人际关系，这对减少心理压力和负面情绪也是有帮助的。

6. 接受他人友善，打造“社会支持网络”

面临难以承受的巨大压力时，我们不必一味依靠自己的力量渡过难关，而应积极地向外界求助，接受他人的友善和关怀，并最好能够打造“社会支持网络”，以更好地提升自己应对压力的能力。

这里所说的“社会支持网络”，指的是我们与他人建立的一种关系网络。从这些关系中，我们能够获得理解和关怀。在遇到压力问题时，我们也能够获得有效的指导和支援，并且可以帮助我们逐步走出困境。

苏梅换了一家新公司，本以为自己能够很快适应新环境，谁知却遇到了不少问题，让她感觉压力很大。

这份新工作的流程比较烦琐，涉及好几个小环节，她因为不熟悉细节，一连出了好几个小纰漏，虽然没有给公司造成严重影响，但她还是受到了领导的批评。她觉得十分难过、羞愧，甚至萌生了辞职的想法。

周末，苏梅和几个朋友相聚，大家见她心情不好，纷纷询问她是不是遇到了什么难事。朋友的关怀让苏梅心中十分温暖，她毫无保留地讲出了自己在工作上遇到的困难，希望大家可以给自己出个主意。

待她将心中的烦恼全部倾诉出来后，一位朋友对她说：“适应新环境确实很难，我很理解你的心情。那么，你还愿意留在这家公司吗？”

苏梅想了想，认真地回答：“我还是愿意的。这家公司在业内很有名气，对我未来的发展也很有帮助，而且为了通过面试，我付出了不小的努力，如果就这么放弃，实在是太可惜了。”

朋友点点头，继续问道：“那你觉得现在最重要的事情是什么？”

苏梅用郑重的语气回答：“我想把工作做好，重新获得领导和同事们的认可。”

朋友们对她的想法表示赞同，给她出了不少好主意，有的劝她暂缓推进任务，先认真熟悉一下工作流程，还可以把一些需要注意的地方写下来，贴在工位上；有的提醒她去请教部门主管和一些资深老员工，避免盲目做事。

一番沟通后，苏梅从沮丧的情绪中清醒过来，不再自怨自艾，而是开始想办法改变现状……

苏梅因为不适应新的工作环境，心理压力极大，还产生了逃避的想法。幸好在关键时刻，她的“社会支持系统”发挥了良好的作用——朋友们不但给了她精神上的慰藉，还向她提供了有建设性的意见，让她对战胜困难、渡过难关充满了信心。

当因为压力问题而彷徨不安的时候，我们不妨像苏梅这样积极地寻求社会支持网络的帮助。常见的社会支持网络中的主体有亲人、朋友、同学、老师、同事、邻居、上下级、合作伙伴等，也有由陌生人组成的社会服务机构。

很多人身边其实并不缺乏这样的人际网络，但是他们宁愿独自承受压力带来的痛苦，也不愿意向他人倾诉，像这样自我封闭、自我戒备，是无法建立起社会支持网络的。如果我们也有类似的问题，就应当注意从以下几个方面进行调整，使自己能够拥有更多的可以与压力对抗的“资源”：

◆ 走出“自我封闭”状态

我们每个人的生存、成长、发展都离不开他人的支持和帮助，我们只有与他人保持亲密互动，接受来自外界的关怀和扶持，才能获得安全感、归属感，这样有助于摆脱压力引发的负面情绪。

因此，我们应该敞开心扉，主动与人接触，将自己的支持网络不断向外扩张；在他人向我们释放善意的时候，我们不必表现得过于拘谨，而应大方地接受，并向对方表示感谢；在工作或生活中感到焦虑、烦躁、抑郁的时候，我们也可以主动向他人请教，再从对方给出的意见与指导中汲取“营养”，帮自己扫清困惑，处理好各种压力难题。

◆ 建立多层次、多样化的支持网络

在我们的社会支持网络中，亲人、爱人会占据非常重要的位置。毕竟，建立在亲情、爱情基础上的情感牵绊是最为牢固的。所以，我们可以优先将自己的痛苦、烦恼分享给亲人、爱人，遇到了难题也可以先征求他们的意见。

另外，朋友、知交等可以信赖的人也会成为非常重要的支撑力量。我们可以将自己的为难之处向他们倾诉，获得他们的开解、安慰，也可以听一听他们给出的建议。

不过，在建立支持网络的时候，心理学家提醒我们要注意保持“成分”的多样性。也就是说，支持网络中不能是清一色的性别，年龄跨度也不能太过单一，我们要注意和各个年龄段、不同性别、不同特点的人打交道，这样才能从他们各自不同的经验和感悟中获得有益的启发。

不仅如此，我们还要大度地接纳那些敢于质疑我们的人。他们所说的话可能会让我们感到不快，但我们也会从中获得启发，还有可能注意到那些被自己忽略的事情。

◆ 注意维护社会支持网络

社会支持网络是由各种各样的关系组成的，每一段关系都需要我们付出情感去经营和维护，否则人与人之间的感情逐渐淡漠，支持网络便会逐渐瓦解，到我们需要帮助和指导的时候，就会发现自己身边连一个可以说话的人都没有。

因此，我们一定不能忽视与他人之间的联系，平时要多和他们保持互动交流。这样在压力来临的时候，他们才会在第一时间发现我们的困境，了解我们的需求，并会给予我们恰如其分的支持。

需要提醒的是，人与人之间的关系是双向的，所以在他人向我们提供支持的同时，我们也应当自觉地成为他人的“坚强后盾”。这样彼此之间的关系才会更加紧密，社会支持网络才会更加稳固、更加持久。

结 语

本书共提出 49 条建议和方法，这些建议和方法深刻剖析了现代人面临压力的各种情境，提供了实用的应对策略，涵盖了从调整心态到改变生活习惯的全方位指导。书中内容致力于引导读者正视压力，学会与压力共存，并在压力中找到成长的契机。每一条建议都是对美好生活的向往和追求，鼓励我们在面对挑战时保持积极的态度，学会用健康的生活方式去化解压力，用智慧的头脑去应对变化。